TIECI XINGZHUANG JIYI HEJIN SHEJI

铁磁形状记忆合金设计

白静　许楠　顾江龙　王锦龙　著

U0196718

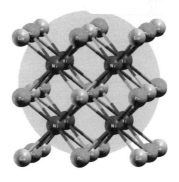

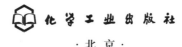

化学工业出版社

·北京·

铁磁形状记忆合金具有优良的物理特性和巨大的开发潜力。本书将简要介绍铁磁形状记忆合金的国内外研究现状，着重就铁磁形状记忆合金的成分设计和性能优化的第一性原理计算方面的工作做系统阐释。

　　本书由五部分组成，分别介绍了铁磁形状记忆合金的发展历程与优良性能；化学计量比的 Ni_2XY（$X=Mn$，Fe，Co；$Y=Ga$，In）合金的基本物理特性；非化学计量比 Ni-X-Y 合金中缺陷对马氏体相变和磁性能的影响；奥氏体母相、5M、7M 和 NM 马氏体各相的稳定性和相关磁性能；Ni-Mn-Ga 三元合金中添加不同的第四组元对结构与性能的影响。

　　本书可作为材料相关领域技术人员的参考书，也可作为高等院校材料科学与工程、功能材料、材料物理等专业的研究生和高年级本科生教材。

图书在版编目（CIP）数据

铁磁形状记忆合金设计/白静等著. —北京：化学工业出版社，2019.11
ISBN 978-7-122-35180-7

Ⅰ.①铁…　Ⅱ.①白…　Ⅲ.①磁性合金-设计
Ⅳ.①TG132.2

中国版本图书馆 CIP 数据核字（2019）第 197670 号

责任编辑：邢　涛　　　　　　　　文字编辑：陈　喆
责任校对：张雨彤　　　　　　　　装帧设计：韩　飞

出版发行：化学工业出版社（北京市东城区青年湖南街 13 号　邮政编码 100011）
印　　装：三河市延风印装有限公司
710mm×1000mm　1/16　印张 10　字数 183 千字　　2019 年 11 月北京第 1 版第 1 次印刷

购书咨询：010-64518888　　　　　　售后服务：010-64518899
网　　址：http://www.cip.com.cn

定　　价：88.00 元　　　　　　　　　　　　　　版权所有　违者必究

前　言

　　铁磁形状记忆合金是一类兼具铁磁性和热弹性马氏体相变的金属间化合物，它们组分多元、结构多型、性能独特且可控性好，具有高响应频率、巨磁阻效应及巨磁热效应等优良的物理特性和巨大的开发潜力，可用于驱动器、传感器、磁微机电系统，是目前国际金属功能材料和凝聚态物理领域的研究热点之一。第一性原理计算已被广泛应用于铁磁形状记忆合金的研究工作当中，其涉及物理、化学、材料、数学和计算机等各学科，基础理论和算法非常丰富，理论性要求也很高。本书是笔者在多年使用第一性原理计算对铁磁形状记忆合金研究的积累上撰写而成的，并结合了国际和国内同行的研究成果，具有专业性强和知识点讲授较深的双重特征，我们希望本书能够不辜负读者的期望。

　　本书共分为 5 章，第 1 章讲述了铁磁形状记忆合金的发展历程与优良性能，并结合国内外的相关文献资料，对铁磁形状记忆合金的实验研究进展和第一性原理计算研究进展进行了概要介绍。

　　第 2 章以化学计量比的 Ni_2XY（$X=Mn$，Fe，Co；$Y=Ga$，In）合金为对象，详细讲述了合金的奥氏体母相和产物马氏体相的晶体结构优化、相稳定性、四方畸变、磁性能和电子结构的变化，并研究了 5 层调制马氏体和 7 层调制马氏体的相稳定性和磁性能。

　　第 3 章在化学计量比的 Ni_2XY（$X=Mn$，Fe，Co；$Y=Ga$，In）合金的基础上，通过引入点缺陷调整合金成分，详细计算了合金缺陷形成能、原子优先占位以及缺陷磁结构的变化规律。

　　第 4 章以备受研究者青睐的合金体系——非化学计量比的 Ni-Mn-Ga 合金为对象，进一步探索合金在成分调整过程中富余组成原子的优先占位方式，系统地研究了奥氏体母相、5M、7M 和 NM 马氏体各相的形成能及相变规律，并且从电荷密度和电子态密度的角度分析了合金相稳定性和磁性能变化的本质原因。

　　第 5 章从 Ni-Mn-Ga 合金实际应用面临的问题出发，研究了 Ni-Mn-Ga 三元合金中添加不同的第四组元 Co、Cu 和 Ti 的结构与性能计算，分析了不同第四组元对合金居里温度、马氏体相变温度、磁性能以及电子结构的影响规律。

本书第1~3章由白静、顾江龙共同撰写，第4章由许楠、顾江龙共同撰写，第5章由白静、王锦龙共同撰写，白静负责统稿。本书的出版得到了东北大学秦皇岛分校资源与材料学院的大力支持，在此致以诚挚的谢意。

由于笔者的水平所限，书中不足之处，欢迎广大读者批评指正。

著者

2019 年 3 月 14 日

目 录

第1章

绪　论

1.1　引言

随着科学技术的快速发展，人们对高性能材料的需求日益增长，尤其是对功能材料的需求显得更为迫切。与传统的结构材料不同，功能材料的物理化学性能对诸如温度、湿度、pH 值、压力、电场、磁场、光波波长等外界环境的变化非常敏感。所有的功能材料都是换能材料，它们能够将一种能量转换成另外一种能量，因此它们作为传感和驱动材料在医学、土木工程、国防、航空、航海等诸多领域具有广泛的应用。其中温度场驱动的形状记忆合金由于具有广泛的应用前景而备受关注。

1932 年，Ölander[1]首次发现 AuCd 合金具有一种类似橡胶的弹性效应。1951 年，Chang 等人[2]发现 AuCd 合金中可逆的马氏体相变及马氏体相界面移动的可逆性。1953 年，Burkhart 等人[3]观察到 InTi 合金产生形状记忆的现象。当时这些合金材料的制备和生产加工成本较高，因此并没有引起学术界和工业界的重视。直到 1963 年，Buehler 等人[4]再一次在 NiTi 合金中发现类似的形状记忆效应，形状记忆合金才真正引起科学界和工业界的高度关注。1969 年，Raychem 公司成功地将 NiTi 形状记忆合金应用于 F14 战斗机液压系统的管接头中。1969 年 7 月 20 日，"阿波罗" 11 号登月舱在月球着陆，所用的直径数米大的天线就是用当时刚刚发明不久的形状记忆合金制成的。用极薄的形状记忆合金材料先按预定要求做好，然后降低温度把它压成一团，装进登月舱。放到月面上后，在阳光照射下温度升高，天线又恢复原来形状，其工作原理如图 1.1 所示。这是形状记忆合金在工业上的成功应用，是一个全新的研究领域与研究时代的开始，它极大地激励着全世界各国研究人员对形状记忆效应展开进一步的研究探讨工作。形状记忆合金在外场作用下能够产生应变输出和驱动力，已广泛应用于工业及医疗领域当中，例如作为制造智能微机电系统中的核心器件，执行器和传感器就是其中两种应用实例。

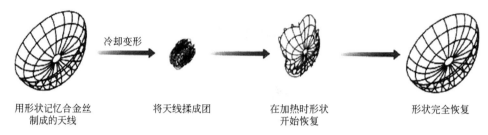

用形状记忆合金丝　　　　将天线揉成团　　　　在加热时形状　　　　形状完全恢复
制成的天线　　　　　　　　　　　　　　　　　开始恢复

图 1.1　用 NiTi 合金制作的卫星天线

　　传统的形状记忆合金虽然具有较大的可逆回复应变和回复力，但由于受温度场驱动，其响应频率较低。而压电陶瓷和磁致伸缩材料虽然具有较高的响应频率，但由于电致和磁致伸缩材料的变形机理在于当加电场或磁场作用时，其磁畴的自发磁化矢量方向会转向外加场方向，导致晶格畸变，产生宏观变形，因此可逆应变量较小。而且电致和磁致伸缩材料的脆性较大，不能满足工程应用中对驱动部件的要求。因此目前研究学者们的研究焦点是如何开发高响应频率、大回复应变、大回复力且有较好力学性能的新型形状记忆合金材料。

　　近年来，人们开发了一种被称为铁磁形状记忆合金（Ferromagnetic Shape Memory Alloys，FSMAs），又称为磁致形状记忆合金（Magnetic Shape Memory Alloys，MSMAs）的新型功能材料。铁磁形状记忆合金将无扩散可逆马氏体相变与该合金的磁致性能巧妙地结合在一起，其磁致应变（Magnetic-Field-Induced Strain，MFIS）源于磁场作用下马氏体变体的重新排列或磁场诱导马氏体逆相变。因此，铁磁形状记忆合金将温控形状记忆合金与磁致伸缩材料的优点集于一身，既具有大的输出应变，又具有高的响应频率。文献中报道的铁磁形状记忆合金中的磁致应变高达 9.5%，比压电材料和磁致伸缩材料所产生的应变高一个数量级。同时，铁磁形状记忆合金的工作频率高达千赫兹数量级。铁磁形状记忆合金除具备磁致形状记忆效应外，在磁-结构转变附近施加磁场还会引起磁熵的显著变化，从而产生大的磁热效应，在磁制冷技术领域也具有广阔的应用前景。受到铁磁形状记忆合金这些优点的启发，过去几十年中人们对这种材料的各个方面展开了深入而细致的研究。

　　目前为止，人们在多个合金系里面发现了磁致应变，其中包括 Ni-Mn-Ga 系、Co-Ni-Ga 系、Co-Ni-Al 系、Ni-Fe-Ga 系、Ni-Mn-Al 系、Fe-Pd 系、Fe-Pt 系等。在这些合金中，化学成分接近化学计量比 Ni_2MnGa 的合金最具前景，这是因为 Ni-Mn-Ga 合金的几个关键特性使得它们独具一格，并吸引了研究者的广泛兴趣。首先，它是具有从立方 $L2_1$ Heusler 结构转变为复杂马氏体结构的热弹性马氏体相变的铁磁性金属间化合物。其次，这类合金中与马氏体相变相关联的几个特性引起了功能材料研究者的极大兴趣，这些特性包括双程形状记忆效应、超弹性和磁致应变。最后，也是最重要的，目前为止最大的磁致应变（9.5％）仅发现于 Ni-Mn-Ga 合金中。因此，Ni-Mn-Ga 合金在过去的十年中得到了最为广泛的研究。

1.2 铁磁形状记忆合金的实验研究进展

人们对 Ni-Mn-Ga 合金的研究已经有 40 多年的历史了。最开始人们是将 Ni_2MnGa 和其它合金一起作为具有化学式 X_2YZ 的 Heusler 合金进行研究。Soltys[5] 是第一个集中研究 Ni-Mn-Ga 合金系的人。后来 Webster 等[6] 在 1984 年详细研究了该合金中的马氏体相变和磁有序。1990 年前后 Kokorin 等[7] 和 Chernenko 等[8] 开始将 Ni-Mn-Ga 作为形状记忆合金进行系统的研究。利用磁场使孪晶变体重新排列从而产生磁致应变的新奇想法产生得相对较晚，仅在近十年来受到广泛关注。1996 年 Ullakko 等[9] 首次在 265K、施加 8kOe 磁场的情况下，在 Ni_2MnGa 单晶中发现了 0.2％的磁致应变。其后一个新的研究时代开始了，人们从实验和理论上对 Ni-Mn-Ga 磁致形状记忆合金的各种性能进行了广泛而深入的研究。1998 年 O′Handley 等[10] 和 James 等[11] 建立了磁致马氏体变体重新排列的理论模型。2000 年 Murray 等[12] 在五层调制马氏体中成功发现了 6％的巨磁致应变。2002 年 Sozinov 等[13] 在七层调制马氏体中发现了接近 10％的更大磁致应变，这也是迄今为止在磁致形状记忆合金中发现的最大磁致应变。到目前为止，人们围绕 Ni-Mn-Ga 合金诸如晶体结构、相变、磁性能、磁致形状记忆效应、力学性能、合金化等方面进行了大量研究，揭示了许多新现象和新规律。

1.2.1 晶体结构及相变规律

1.2.1.1 母相的晶体结构

Webster 等[6] 利用中子衍射研究了 Ni_2MnGa 的晶体结构。他们发现 Ni_2MnGa 在马氏体相变温度以上具有立方 $L2_1$ Heusler 结构，其晶格常数约为 5.82Å（$1Å=10^{-10}$ m）。Brown 等[14] 利用中子衍射进行了更加系统的研究，发现 Ni_2MnGa 合金母相晶体结构的空间群为 $Fm\bar{3}m$，No.225。Ni 原子占据 8c（0.25，0.25，0.25）Wyckoff 位置，Mn 原子和 Ga 原子分别占据 4a（0，0，0）和 4b（0.5，0.5，0.5）位置。图 1.2 为 Ni_2MnGa 的 $L2_1$ Heusler 结构示意图。

研究还发现母相晶体结构的晶格常数随着温度的变化而变化[14]。除此之外，Ni-Mn-Ga 合金的晶格常数还随化学成分和热处理工艺的变化而变化。对 Ni_2MnGa 的晶格常数的理论模拟计算，可以排除实验上合金成分控制不准确及

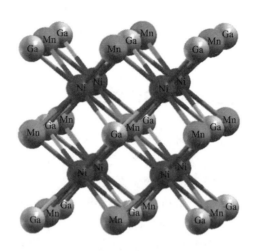

图 1.2　Ni_2MnGa 的 $L2_1$ Heusler 结构示意图

电弧炉熔炼过程中产生的成分偏析以及夹杂、气孔等缺陷的影响，从而给出纯态 Ni_2MnGa 的平衡晶格常数，今后的实验值可以以平衡晶格常数为标准进行误差分析。

1.2.1.2　马氏体相的晶体结构

　　Ni-Mn-Ga 合金马氏体相的晶体结构是影响最终决定其功能行为的磁各向异性、力学性能和化学性能的一个重要因素。Ni-Mn-Ga 合金具有不同的马氏体结构，随着成分和温度的不同，通常会观察到三种不同的马氏体结构，即五层调制四方结构（5M）、七层调制近正交结构（7M）和非调制四方结构（NM 或 T）。在这三种马氏体中，NM 马氏体最稳定，5M 马氏体最不稳定，如图 1.3（a）所示。因此，如果观察到 5M 马氏体，那么它肯定是直接由母相转变而来的；而 NM 马氏体则既可以直接由母相转变而来，又可以由 7M 或 5M 马氏体通过中间马氏体相变转变而来。由母相奥氏体向马氏体转变而直接生成的第一种马氏体类型取决于合金的成分，第一种马氏体类型与合金的马氏体相变温度之间存在一种经验关系，如图 1.3（b）所示。直接转变为 NM 马氏体的合金的马氏体相变温度可能比其居里温度还要高，而直接转变为 7M 马氏体的合金的马氏体相变温度仅局限于很窄的温度区间内。因此，NM 马氏体是唯一既能作为中间马氏体相变产物存在于很低温度又能作为从母相直接转变而来的第一种马氏体类型存在于高于居里温度的较高温度的马氏体。

　　在详细介绍 Ni-Mn-Ga 合金上述三种马氏体的晶体结构之前，有必要对文献中常用的用来表述马氏体结构的坐标系进行阐述。

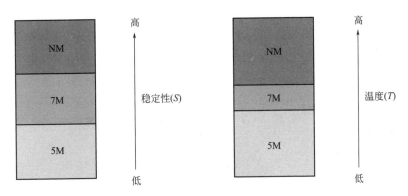

(a) 三种类型马氏体的稳定性(S)　　　(b) 第一种马氏体类型与马氏体相变温度(T)之间的关系

图 1.3　三种类型马氏体的稳定性（S）图和
第一种马氏体类型与马氏体相变温度（T）之间的关系图

人们通常用两种不同的坐标系表述马氏体的晶体结构：

① 由马氏体的三个主轴构成的正交马氏体坐标系；

② 由母相奥氏体的立方轴构成的立方母相坐标系。

由于采用坐标系①所产生的单胞体积更小，因此从晶体学角度考虑采用坐标系①表述马氏体结构更加合理。此外，采用坐标系①也可以更加方便地将层状结构（5M 和 7M）中的晶格调制描述为一种长周期超结构。然而，如果为了简单地描述温度场、磁场或者应力场诱发马氏体相变所产生的应变，采用坐标系②显得更加实用，因为这类应变直接来源于马氏体相变前后立方母相坐标系内晶格参数的变化。由于大部分文献中采用立方母相坐标系来描述马氏体的晶体结构，为了保持一致，除非特别说明，本章亦采用此坐标系进行文献综述，在晶格常数、晶面和晶向中将加下标"C"以表示采用立方母相坐标系表述这些参量。需要注意的是，采用两种不同的坐标系时同一个晶体结构的晶格常数不同。

（1）五层马氏体结构（5M）

低温相的 5M 马氏体结构起初是通过电子衍射或者 X 射线衍射在以下合金的单晶中被观察到：$Ni_{51.5}Mn_{23.6}Ga_{24.9}$（$M_s=293K$）、$Ni_{49.2}Mn_{26.6}Ga_{24.2}$（$M_s\sim180K$）、$Ni_{52.6}Mn_{23.5}Ga_{23.9}$（$M_s=283K$）、$Ni_{52}Mn_{23}Ga_{25}$（$M_s=227K$）等。这种马氏体的晶体结构是通过沿 $[110]_c$ 方向的横向切变波进行调制的，可以表述为沿 $(110)_c[110]_c$ 系的周期性错动或者 $(110)_c$ 密排面的长周期堆垛。这种调制结构是以五个 $(110)_c$ 面作为一个周期，第一个面不发生位移，其它四个面发生位移而偏离其规则位置。这种调制在电子衍射或者 X 射线衍射中显示为在两个主衍射斑点之间存在四个额外的弱斑点。5M 马氏体的晶格近似为四方结构（稍稍有点单斜结构），该结构的 c 轴较短，即 $c/a<1$（立方母相坐标系内）。5M 马氏体结构的四方性（c/a）随着温度的降低而增加，并在很低的温度

达到饱和。

（2）七层马氏体结构（7M）

7M 马氏体起初发现于以下合金的单晶中：$Ni_{52}Mn_{25}Ga_{23}$（$M_s=333K$）、$Ni_{48.8}Mn_{29.7}Ga_{21.5}$（$M_s=337K$）等。与 5M 马氏体的调制机制相似，7M 马氏体中的调制以七个（110）$_C$ 面作为一个周期，第一个面不发生位移，其余六个面发生位移而偏离其规则位置。X 射线和电子衍射结果均表明，在 7M 马氏体的衍射花样中，沿倒易空间中 $[110]_C^*$ 方向的两个主衍射斑点之间的距离被六个额外的弱斑点平均分成七份。7M 马氏体的晶格近似为正交结构，其 $c_C/a_C<1$。Sozinov 等在这种结构中发现了小于 0.4° 的单斜畸变。Martynov 将 $Ni_{52}Mn_{25}Ga_{23}$ 的晶体结构表述为单斜结构，晶格常数为 $a_C=6.14Å$，$b_C=5.78Å$，$c_C=5.51Å$，$\gamma=90.5°$，而 Sozinov 等报道 $Ni_{48.8}Mn_{29.7}Ga_{21.5}$ 中的 7M 马氏体结构为近正交结构，晶格常数为 $a=6.19Å$，$b=5.80Å$，$c=5.53Å$。

（3）非调制马氏体结构（NM）

NM 马氏体起初发现于以下合金的单晶以及薄膜样品中：$Ni_{53.1}Mn_{26.6}Ga_{20.3}$（$M_s=380K$）、$Ni_{52.8}Mn_{25.7}Ga_{21.5}$（$M_s=390K$）等。NM 马氏体中不存在调制结构，实验证实 NM 马氏体具有四方结构且该结构的 c 轴较长。NM 马氏体结构是唯一具有 $c/a>1$ 的马氏体结构。Liu 等[15]报道 $Ni_{46.4}Mn_{32.3}Ga_{21.3}$ 中 NM 马氏体结构的晶格常数为 $a_C=b_C=5.517Å$，$c_C=6.562Å$，$c/a=1.189$；而 $Ni_{51.7}Mn_{27.7}Ga_{20.6}$ 中 NM 马氏体结构的晶格常数为 $a=b=5.476Å$，$c=6.568Å$，$c/a=1.199$。Lanska 等[16]系统研究了 Ni-Mn-Ga 合金中不同类型马氏体的晶体结构和晶格常数随成分和温度的变化，并建立了马氏体晶体结构、马氏体相变温度和电子浓度之间的关系[16]。

1.2.1.3 相变次序

由于由马氏体变体重新排列而产生的磁致形状记忆效应仅发生于 Ni-Mn-Ga 合金的铁磁性马氏体状态，该类合金的相变次序和转变温度决定了其服役温度。因此，详细研究该类合金的具体相变过程对更好地了解其材料行为具有重要意义。事实上 Ni-Mn-Ga 合金的相变过程十分复杂，随着化学成分和热处理过程的不同合金的相变过程也会有很大差异。图 1.4 示意性地给出了 Ni-Mn-Ga 合金的相变次序。

在高温区，合金首先由液态凝固成部分无序的 B2′相，然后在冷却过程中发生由 B2′相向 L2₁ 有序 Heusler 相转变的无序-有序转变。继续冷却到较低温度后，一部分 Ni-Mn-Ga 合金首先发生预马氏体相变然后发生马氏体相变，而其它合金则直接由 Heusler 母相向马氏体相转变。随后一些合金中的马氏体在继续冷

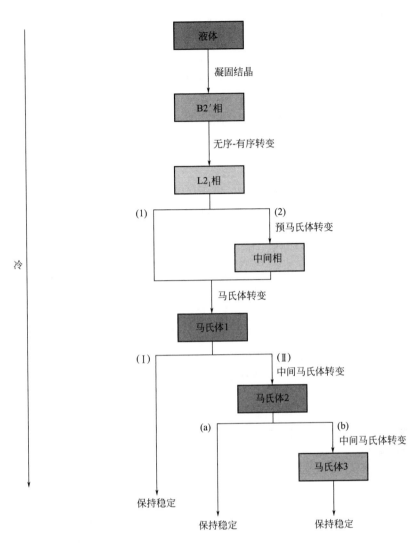

图 1.4 Ni-Mn-Ga 合金相变过程示意图

图中（1）和（2）、（Ⅰ）和（Ⅱ）

以及（a）和（b）表示在每种情况下有两种可能的从高温相向低温相转变的路径。

却到很低温度的过程中一直保持稳定，而其它合金中的马氏体发生一次或多次中间马氏体相变而生成了在低温更加稳定的马氏体。

1.2.1.4 凝固以及无序-有序转变

Ni-Mn-Ga 合金在一个特定的取决于成分的温度下凝固成为部分无序的 B2′ 中间相。有报道称 $Ni_{50}Mn_xGa_{50-x}$（$x=15\sim35$）合金的凝固温度在 1340～

1400K 温度区间内。Söderberg 等[17] 证实 $Ni_{50.5}Mn_{30.4}Ga_{19.1}$ 和 $Ni_{53.7}Mn_{26.4}Ga_{19.9}$ 合金分别在 1386K 和 1392K 凝固。B2′ 相在随后的冷却过程中经历一个向 $L2_1$ 有序 Heusler 相转变的无序-有序转变。B2′-$L2_1$ 无序-有序转变是一个二级相变，转变温度随合金化学成分的不同而分布于 800~1100K 之间。B2′ 和 $L2_1$ 结构之间的不同之处在于 B2′ 结构中 Ni 原子形成晶格的框架，Mn 和 Ga 原子可以互相混乱占位；而 $L2_1$ 结构中 Ni、Mn 以及 Ga 原子都严格有序占位。

1.2.1.5 预马氏体相变

在发生低温马氏体相变之前部分 Ni-Mn-Ga 合金中可发生预马氏体相变。虽然 Ni-Mn-Ga 合金的预马氏体相变与其磁致形状记忆效应没有直接的关联，但是从科学的角度讲，它给研究者提供了研究电子-声子交互作用、磁弹性以及 Jahn-Teller 效应机制等的诸多机会。研究者通过中子衍射、传输性能测量、磁性测量、力学性能测量、声学和超声测量、电镜分析等实验和理论手段研究 Ni-Mn-Ga 合金预马氏体相变的物理机制。

研究者在马氏体相变温度 T_m 低于 270K 且化学成分仅稍微偏离化学计量比的 $Ni_{2+x+y}Mn_{1-x}Ga_{1-y}$ 合金中观测到了预马氏体相变。研究证实 Ni-Mn-Ga 合金中的预马氏体相变为很弱的一级相变。Ni_2MnGa（$T_m\sim220K$）合金中的预马氏体相变发生在 260K 左右。Khovailo 等[18] 通过对电阻率的温度依赖性的异常突变进行研究发现 $Ni_{2+x}Mn_{1-x}Ga$ 合金的预马氏体相变温度与化学成分的关系不大。通过中子衍射实验，Brown 等[14] 发现 Ni_2MnGa 合金的预马氏体相具有正交三层调制结构（空间群 Pnnm，No.58），且这种结构的调制机制与 5M 和 7M 马氏体相似。

需要指出的是 Ni-Mn-Ga 合金中的预马氏体相变仅发生于马氏体相变温度 T_m 相对较低的合金中。Zheludev 等[19] 指出预马氏体相变源于费米面的嵌套奇异性。由于预马氏体相变温度与合金化学成分偏离化学计量比的程度关系不大，且预马氏体相变仅在 $T_m<270K$ 的 $Ni_{2+x+y}Mn_{1-x}Ga_{1-y}$ 合金中出现，所以合金电子浓度的变化对费米面嵌套截面的影响可能十分有限。在 $T_m>270K$ 的合金中，伴随有费米面产生根本转变的马氏体相变，在母相还没有来得及产生嵌套奇异性之前就已经发生，所以这些合金中没有预马氏体相变的发生。

预马氏体相变的朗道理论模型已经建立，并成功解释了电子-声子的耦合导致了 Ni-Mn-Ga 合金发生从母相向微调制的中间相转变的一级预马氏体相变，以及磁弹性耦合使得在马氏体相变之前公度预马氏体相可以存在。

1.2.1.6 马氏体相变

马氏体相变是切变型无扩散一级固态相变，相变过程中原子相对其近邻原子在短程内做规则移动。马氏体相变发生在特定的温度范围内，马氏体相变和马氏体逆相变之间通常存在滞后现象。马氏体相变前后合金的化学成分不变，母相奥氏体和新相马氏体的晶体结构之间通常存在明确的取向关系。相变的动力学和马氏体相的形貌由切变位移产生的应变能决定。马氏体相变的特征温度为马氏体相变起始温度 M_s，马氏体相变终了温度 M_f，马氏体逆相变（即奥氏体相变）起始温度 A_s 以及马氏体逆相变终了温度 A_f。

Ni-Mn-Ga 合金的马氏体相变温度对其化学成分十分敏感。通常认为，Ni-Mn-Ga 合金的马氏体相变温度随着每原子的平均价电子数（又称电子浓度 e/a）的增加而升高。Ni-Mn-Ga 合金的电子浓度定义为

$$e/a = \frac{10Ni + 7Mn + 3Ga}{Ni + Mn + Ga} \tag{1.1}$$

其中，X（X = Ni，Mn，Ga）表示 X 所占的原子百分数。式中，Ni 的价电子数为 10，其外电子层排布为 $3d^8 4s^2$，Mn 的价电子数为 7，其外电子层排布为 $3d^5 4s^2$，Ga 的价电子数为 3，其外电子层排布为 $4s^2 4p^1$。

Chernenko 等[20]研究了 Ni-Mn-Ga 合金马氏体相变温度随成分的变化，得出如下结论：①在 Mn 含量不变的情况下，随着 Ga 含量的增加合金的 M_s 降低；②在 Ni 含量不变的情况下，随着 Mn 含量的增加合金的 M_s 升高；③在 Ga 含量不变的情况下，随着 Mn 含量的增加合金的 M_s 降低。Wu 等[21]进一步定量研究了合金的 M_s 和化学成分的关系，得出以下公式

$$M_s = 25.44Ni - 4.86Mn - 38.83Ga \tag{1.2}$$

其中，X（X = Ni，Mn，Ga）表示 X 所占的原子百分数。该式可用于根据化学成分大致估算合金的 M_s，单位为 K。马氏体相变温度 T_m 与电子浓度 e/a 之间的经验关系式为

$$T_m = 702.5e/a - 5067 \tag{1.3}$$

需要指出的是，T_m 通常可定义为 $(M_s + M_f + A_s + A_f)/4$，单位为 K。但是文献中没有明确给出式(1.3)中 T_m 的定义。

研究马氏体相变温度随化学成分的变化对研究通过成分设计开发具有实际应用前景的高温 Ni-Mn-Ga 磁致形状记忆合金具有极其重要的意义。化学成分的调整可以通过富余组分的过量原子占据贫乏组分的空缺阵点（反位点缺陷）或者产生空位点缺陷来实现。除了化学成分外，母相的原子有序度也对 Ni-Mn-Ga 合金的马氏体相变温度具有很大的影响。Kreissl 等[22]研究发现 Ni_2MnGa 合金中 Mn 和 Ga 的无序占位能够将马氏体相变温度降低大约 100K。Tsuchiya 等[23]和 Besseghini 等[24]研究证实通过适当的退火处理获得高度有序的 $L2_1$ 结构可以使马氏体相变温度范围变窄。由此可见，适当的热处理工艺对获得稳定的高性能磁致形状记忆合金具有重要的作用。因此，系统地研究不同类型的点缺陷（例如反位缺

陷、原子互换以及空位），对理解性能对化学成分和原子有序度的依赖性是至关重要的。

1.2.1.7　中间马氏体相变

除了预马氏体相变和马氏体相变外，在一些 Ni-Mn-Ga 合金中还可能发生从一种马氏体转变为另外一种马氏体的一级中间马氏体相变[25]，产生中间马氏体相变的原因是不同类型的马氏体具有不同的稳定性，如图 1.3(a) 所示。随着化学成分和热处理过程的不同，典型的中间马氏体相变的转变路径为 5M-7M-NM 或 7M-NM。除了具有科学研究意义外，中间马氏体相变的发生还对磁致形状记忆合金的应用有一定的影响。磁致形状记忆合金只能在不发生中间马氏体相变的温度范围内使用，也就是说，中间马氏体相变设定了磁致形状记忆合金服役温度的下限。

中间马氏体相变通常伴随着合金升温和降温过程中热流、力学性能、磁性能和电阻率的异常突变。图 1.5 为具有 Heusler-7M 马氏体相变和 7M-NM 中间马氏体相变的典型 Ni-Mn-Ga 合金的低场交流磁化率随温度变化图。

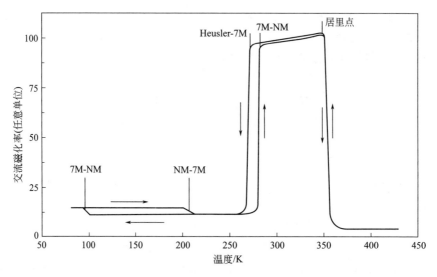

图 1.5　冷却和加热过程中具有 Heusler-7M 马氏体相变和 7M-NM
中间马氏体相变的 Ni-Mn-Ga 合金的低场交流磁化率随温度变化图

冷却过程中交流磁化率在 355K 左右的突变源于 Heusler 母相从顺磁状态向铁磁状态的转变，而在 275K 左右的突变归因于由 Heulser 母相向 7M 马氏体转变的马氏体相变。继续冷却到 100K 左右，交流磁化率发生了另一个突变，归因于 7M-NM 中间马氏体相变。在加热过程中这些结构转变完全可逆，并具有一定的温度滞后性。Ni-Mn-Ga 合金的中间马氏体相变也得到了原位透射电镜（TEM）研究的证实。

Ni-Mn-Ga 合金的中间马氏体相变对样品的内应力十分敏感。Wang 等[26]研究发现样品内部因晶格畸变而储存的大约 14MPa 的内应力就可以改变 $Ni_{52}Mn_{24}Ga_{24}$ 单晶的相变过程并使中间马氏体相变彻底消失。这种观点得到了在快速凝固多晶薄带样品中所获得结果的支持：细晶薄带样品中没有出现任何中间马氏体相变，这归因于大量晶界的出现使得薄带样品比单晶样品具有更高的协调应力。

1.2.2 铁磁形状记忆效应

1.2.2.1 前提条件

Ni-Mn-Ga 合金的磁致形状记忆效应（Magnetic Shape Memory Effect，MSME）以磁致应变的形式表现出来，这种磁致应变来源于外加磁场作用下马氏体变体的重新排列。Ni-Mn-Ga 合金产生磁致形状记忆效应的前提条件为：

① 合金工作温度范围内必须具有铁磁性马氏体孪晶组织。也就是说磁致形状记忆效应只能在低于居里温度 T_C 且低于马氏体逆相变起始温度 A_S 的温度范围内才可能产生。

② 磁致应力必须大于合金的孪生应力。此处，孪生应力 σ_{tw} 指使马氏体变体重新排列所需要的应力，孪生应力可以通过单晶的应力-应变曲线来确定。由于磁致应力 σ_{mag} 不能超过由磁各向异性 K_U 和理论最大磁致应变 ε_0 的比值 K_U/ε_0 所决定的饱和值，上述前提条件可以表述为

$$\sigma_{mag} = \frac{K_U}{\varepsilon_0} > \sigma_{tw} \tag{1.4}$$

其中，理论最大磁致应变 ε_0 可以根据具有单变体的单晶的应力-应变曲线上去孪生所对应的最大应变而确定。需要注意的是，σ_{mag} 和 σ_{tw} 的大小与马氏体的类型有很大的关系。据报道，5M 和 7M 马氏体的孪生应力 σ_{tw} 仅为 2MPa 左右，而 NM 马氏体的孪生应力 σ_{tw} 则可高达 18～20MPa。

1.2.2.2 产生机制

在 Ni-Mn-Ga 磁致形状记忆合金中，孪晶界的形成是由高温下高对称性的奥氏体向低温下低对称性的马氏体发生无扩散型马氏体相变所产生。由于该类合金具有强磁各向异性，马氏体的磁矩沿易磁化轴方向排列，越过孪晶边界时磁化的择优方向发生改变，如图 1.6 所示。当外加磁场沿其中一个孪晶变体的易磁化轴方向施加时，易磁化轴平行于磁场方向的变体的能量将与其它变体不同。这种能

量差将在孪晶界上施加一个应力 σ_{mag}，从而为孪晶界的移动提供驱动力。如果这个磁致应力 σ_{mag} 大于孪晶变体重新排列所需要的孪生应力 σ_{tw}，孪晶边界就会移动，使得易磁化轴平行于磁场方向的变体长大而其它变体缩小，从而导致样品宏观形状发生变化，也就是产生磁致应变。理想状态下，当磁场强度增加到某一个特定值时所有马氏体变体的易磁化轴都会沿磁场方向排列，这时磁致应变也相应地达到最大值。图 1.6 示意性地给出了磁场作用下马氏体变体的重新排列。

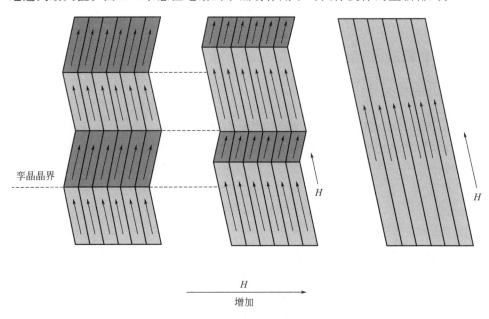

图 1.6 外加磁场作用下磁致形状记忆合金中马氏体变体重新排列的示意图

事实上，研究者已经通过实验直接跟踪观测到了磁场作用下马氏体变体的重新排列过程。需要指出的是，样品的宏观形状变化在磁场去除以后仍然可以保持。因此，为了在磁致形状记忆合金中获得可逆的磁致应变，应用过程中需要改变磁场方向或者同时施加磁场和外加应力场。

1.2.3 组织性能调控

1.2.3.1 磁性能

磁晶各向异性能是决定铁磁形状记忆合金能否获得磁感生应变的重要因素。磁晶各向异性能是指磁场作用下将磁矩从易磁化轴转到难磁化轴所需要做的功，通常用磁晶各向异性常数来表述。Ni-Mn-Ga 合金相的磁晶各向异性常数在 $10^3 J/m^3$ 数量级，而马氏体的磁晶各向异性常数则增大了两个数量级。

Straka[27]等系统地研究了三种马氏体的磁晶各向异性常数。结果表明，室温下 $Ni_{49.7}Mn_{29.1}Ga_{21.2}$ 合金 5M 马氏体的磁晶各向异性常数为 $K_1 = 1.65 \times 10^5 J/m^3$（$K_2$ 可忽略不计）；$Ni_{50.5}Mn_{29.4}Ga_{20.1}$ 合金 7M 马氏体的磁晶各向异性常数为 $K_1 = 1.7 \times 10^5 J/m^3$，$K_2 = 0.9 \times 10^5 J/m^3$；$Ni_{50.5}Mn_{30.4}Ga_{19.1}$ 合金 NM 马氏体的磁晶各向异性常数为 $K_1 = -2.3 \times 10^5 J/m^3$，$K_2 = 0.55 \times 10^5 J/m^3$。

通常，Ni-Mn-Ga 合金的磁晶各向异性常数随着温度及化学成分的变化而变化。Heczko[28]等报道指出 $Ni_{48.8}Mn_{28.6}Ga_{22.6}$ 合金 5M 马氏体的磁晶各向异性常数随温度升高而降低，283K 时 $K_1 = 2.0 \times 10^5 J/m^3$，130K 时 $K_2 = 2.65 \times 10^5 J/m^3$。Albertini[29]等分析了不同成分合金的磁晶各向异性常数，发现非化学当量比合金马氏体的磁晶各向异性常数相对于化学当量比 Ni_2MnGa 合金马氏体的磁晶各向异性常数均降低。

近年来研究发现，外加磁场能够诱发铁磁形状记忆合金产生显著的磁热效应，其中关于 Ni-Mn-Ga 合金的相关报道较多。Hu[30]等首先报道了多晶 $Ni_{51.5}Mn_{22.7}Ga_{25.8}$ 合金在 0.9T 磁场作用下马氏体向奥氏体转变过程中伴随着 $-4.1 J/(kg \cdot K)$ 的磁熵变化。由于 Ni-Mn-Ga 合金的磁性转变及马氏体转变温度受成分影响较大，若适当地调整合金成分，实现磁性转变与马氏体转变同时发生（磁-结构转变），则可进一步提高磁熵变化。迄今，研究者们在单晶合金、多晶块体和薄带材料的磁-结构转变过程中均观察到了大的磁熵变化。

目前，关于 Ni-Mn-Ga 合金最大的磁熵变化系在单晶中获得。Pasquale[31]等报道了单晶 $Ni_{55}Mn_{20}Ga_{25}$ 合金在 5T 磁场下由磁-结构转变所引发的磁熵变化可达 $-86 J/(kg \cdot K)$。多晶材料则由于晶界等缺陷的引入，其磁熵变化明显低于单晶合金的磁熵变化。Pareti[32]等研究了多晶 $Ni_{2.19}Mn_{0.81}Ga$ 合金的磁热性能，1.6T 磁场下磁-结构转变过程中可产生 $-20 J/(kg \cdot K)$ 的磁熵变化。Zhou[33]等报道了多晶 $Ni_{55.2}Mn_{18.6}Ga_{26.2}$ 合金在 5T 磁场下 317K 附近的磁-结构转变能够引起 $-20.4 J/(kg \cdot K)$ 的磁熵变化。Rao[34]等报道了 2T 磁场下 309K 附近 $Ni_{50}Mn_{20.6}Ga_{24.4}$ 与 $Ni_{50}Mn_{19.6}Ga_{25.4}$ 薄带的磁熵变化分别为 $-9.5 J/(kg \cdot K)$ 与 $-10.4 J/(kg \cdot K)$。

与单晶合金相比，尽管多晶合金的磁热性能明显弱化，但多晶合金的制备相对简单易行且制造成本要低得多。显然，研究开发新的有效制备方法或后续处理方法以提高多晶 Ni-Mn-Ga 合金的磁热性能，必将加速这类合金作为新型磁致冷材料进入实用阶段。磁制冷技术与传统的制冷技术相比，具有对臭氧层无破坏作用、无温室效应、噪声低、体积小、可靠性和效率高等优势，被视为新一代绿色环保型制冷技术。磁制冷技术的发展与应用取决于磁致冷材料性能的不断提高。因此，新型磁致冷材料的探索和磁热效应的提高始终为人们所重视。开展磁致冷材料和磁热效应的研究，不仅对磁制冷技术的应用有重要的实际意义，而且对凝聚态物理的发展也将具有重要的理论意义。

1.2.3.2　磁感生应变

Ni-Mn-Ga 合金的磁致形状记忆效应源于外加磁场作用下马氏体变体的再取向并以磁感生应变的形式表现出来。1996 年，对 Ni_2MnGa 单晶在 265K 施加 8kOe 场时，首次观测到了 0.19% 的磁感生应变。自此，Ni-Mn-Ga 铁磁形状记忆合金受到各国研究人员的广泛关注。1999 年，吴光恒课题组[35]在非化学当量比的 $Ni_{52}Mn_{22.2}Ga_{25.8}$ 单晶自由样品中获得了 0.31% 的磁感生应变。2000 年，Murray[36] 等在具有 5M 马氏体的 Ni-Mn-Ga 单晶中获得了 6% 的磁感生应变。随后，Sozinov 等在 7M 马氏体单晶中获得了近 10% 的磁感生应变。近年来研究发现采用声波辅助的方法将 $Ni_{50.2}Mn_{29.6}Ga_{20.2}$ 单晶的最大可逆应变由 3% 提高至 4.5%，同时磁场驱动门槛值降低了约 1kOe[37]。与单晶相比，多晶合金由于晶体取向的宏观无规分布以及晶界的大量引入，导致其磁致输出应变显著弱化，仅为 0.01%~1%。

Ni-Mn-Ga 合金马氏体相变后，不同取向的马氏体变体互相钉扎，阻碍磁场驱动变体间的孪晶界面移动。为减少变体数量和降低去孪晶应力，需要对合金进行外场"训练"处理。Sozinov[38] 等报道了 7M 马氏体单晶经过连续三次压缩变形后，去孪晶应力从 11MPa 减小到 3MPa；随后，反复的压缩变形进一步获得了单变体样品，去孪晶应力为 1MPa，磁致应变接近 10%。James[39] 等报道了初始具有 5% 磁感生应变的单晶样品经过热-机械训练后，磁感生应变增加到 4%。Straka[40] 等通过反复的压缩变形获得了双变体状态的样品，使得 5M 马氏体单晶的去孪晶应力由 3.2MPa 减少到 1.1MPa，7M 马氏体的去孪晶应力从 6.3MPa 下降到 2.9MPa。Müllner 等对 7M 马氏体单晶进行了循环旋转磁场的训练，700 次循环后，磁感生应变从初始的 6% 增加到 9.7%。

目前，Ni-Mn-Ga 合金最佳的磁致形状记忆行为均是在单晶中获得的，但单晶制备工艺复杂、耗时且制作成本高、规模化生产困难。鉴于外场训练的方法已成功应用于单晶合金并实现性能提高，若在多晶合金制备中引入这一后续处理手段，不失为优化调控多晶合金微观组织、改善其磁控功能行为的有益尝试。

1.2.3.3　合金化

尽管 Ni-Mn-Ga 磁致形状记忆合金具有很多优点（见 1.1 节），它们仍然有许多制约其实际应用的缺点。Ni-Mn-Ga 合金的居里温度大约在 370K，对于某些应用来说显然太低。具有 NM 马氏体结构的合金的孪生应力太高以至于目前为止在这些合金中没有观测到大的磁致应变。具有 5M 和 7M 马氏体结构并且能够产生大磁致应变的合金的马氏体相变温度通常较低而不适合实际应用。另一个问题，也是限制其实际应用的最重要的问题，就是 Ni-Mn-Ga 合金的高脆性。近年来，人们在改善该类合金的性能方面做出了大量努力并发现合金化可以有效地解决部分问题。

因为大的磁场诱导应变只出现在铁磁态，所以对居里温度的有效控制对扩大磁致形状记忆合金的使用范围和高温磁致形状记忆合金的发展都具有重要意义。以往的实验研究表明，偏离化学计量比的 Ni-Mn-Ga 合金，其居里温度相对于 Ni_2MnGa 均降低。V. V. Khovailo 等人[41]于 2003 年通过磁性测量实验首次提出在 Ni-Mn-Ga 合金中添加 Co 或 Fe 元素取代 Ni 可以有效地提高合金的居里温度 T_C。在 $Ni_{2.16-x}Co_xMn_{0.84}Ga$（$x=0.03$，$0.06$ 和 0.09）合金中，随着 Co 含量的提高，居里温度从 348K 升高到 367K。V. V. Khovailo 等人将这种现象解释为：添加合金元素 Co（Fe），Co-Mn（Fe-Mn）之间的交换相互作用强于 Ni-Mn 之间的相互作用，从而导致居里温度升高，并坦言他们的实验数据不足以对居里温度升高的机理给出明确合理的解释。

随后科研工作者们扩大了合金化第四组元的实验范围。S. H. Guo 等人[42]于 2005 年得到如下结论：在 $Ni_{50}Mn_{27}Ga_{23-x}Fe_x$ 合金中，用 Fe 取代部分 Ga，随着 Fe 含量的逐渐提高，马氏体转变温度和居里温度均升高，虽然居里温度提高的幅度并不大，但是这是实验中首次发现的由添加合金元素所引起的马氏体转变温度和距离温度同步提高的案例；在 $Ni_{47}Mn_{31}X_1Ga_{21}$（$X=Fe$，Co）合金中，用 Fe 或 Co 替换 Mn，添加 Fe 导致马氏体转变温度升高而居里温度降低，添加 Co 则作用相反；在 $Ni_{48}Mn_{33}Ga_{18}Tb_1$ 合金中，添加稀土元素 Tb 导致马氏体转变温度和居里温度均显著降低。2006 年，I. Glavatskyy 等人[43]研究了向 Ni-Mn-Ga 合金中添加 Si、In、Co 和 Fe 对马氏体转变温度和磁性转变温度的影响。主要结论如下：①用 Si 替换部分 Ga 会导致马氏体转变温度明显降低，对居里温度的影响不明显；②用 In 代替部分 Ga 导致马氏体转变温度和居里温度均降低，居里温度的降低被解释为由于 In 的原子半径大于 Ga，使强烈影响居里点的 Mn-Mn 间距增大所致；③用 Co 取代部分 Ni 可以显著提高居里点，而用 Co 取代部分 Ga 使得马氏体转变温度急剧升高，而磁性转变温度降低，导致马氏体转变先于磁性转变完成。

用 Co 取代部分 Ni 可以显著提高居里点得到了科学工作者们的普遍承认，如图 1.7 所示，从而使得 Ni-Mn-Ga-Co 合金系成为新的研究热点。

2007 年，从道永等人[44]系统地研究了不同 Co 含量对 $Ni_{53-x}Mn_{25}Ga_{22}Co_x$（原子百分数，$x=0$，2，4，…，14）合金的晶体结构、马氏体转变、居里温度和抗压性能的影响。XRD 结果显示，当 $x \leqslant 6$ 时，合金的室温组织四方非调制马氏体，属于 I4/mmm 空间群；当 $x \geqslant 8$ 时室温组织奥氏体，属于 Fm$\bar{3}$m 空间群。

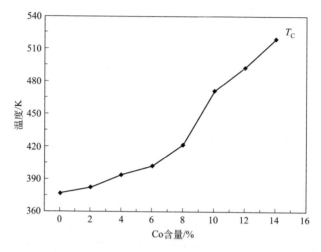

图 1.7　$Ni_{53-x}Mn_{25}Ga_{22}Co_x$ 合金的居里温度 T_C 随成分的变化趋势

说明在室温之上，$x \leqslant 6$ 的合金发生了马氏体转变；而 $x \geqslant 8$ 合金没有出现马氏体转变。随着 Co 含量的增加，$x \leqslant 6$ 时合金马氏体转变温度逐渐降低，但降低幅度不明显（$x=0$，$T_m=387K$；$x=6$，$T_m=375K$），这归因于 Co 取代 Ni 时电子浓度的降低。当 Co 含量超过 6% 原子百分数时，马氏体转变温度显著降低（从 $x=6$ 的 $T_m=375K$ 降低至 $x=8$ 的 $T_m=236K$），这不能简单地用电子浓度的降低来解释。实际上，另外两个方面的因素也可能影响马氏体转变温度：①添加 Co 引起的原子无序；②富 Co 析出相的形成。但是 Cong 等人通过成分分析得知，当 Co 含量超过 6%（原子百分数）时晶内和晶界的成分没有明显变化，并且没有观察到第二相的析出。所以他们将马氏体转变温度的突降归因于大量添加 Co 而引起的原子无序。当 Co 含量达到一个临界值时，过量的 Co 原子导致 Ni、Mn 和 Ga 原子的无序占位，这个趋势抑制了合金的马氏体转变。$Ni_{53-x}Mn_{25}Ga_{22}Co_x$ 合金中的长程和短程原子无序还需要进一步研究。Cong 等人还研究了添加 Co 对磁性转变点居里温度的影响，如图 1.6 所示，并证实了在宽泛的成分区间，添加合金元素 Co 可以有效地提高居里温度（$x=0$，$T_C=377K$；$x=14$，$T_C=519K$）。Cong 等人还进行了室温下的抗压实验，结果表明：用 4%（原子百分数）的 Co 取代 Ni 不改变断裂应变，但是可以提高抗压强度和减小屈服应力。

2008 年，V. Sánchez-Alarcos 等人[45]研究了热处理对三元 $Ni_{49.5}Mn_{28.5}Ga_{22}$（Co-0）合金和四元（$Ni_{49.5}Mn_{28.5}Ga_{22}$）$_{96}Co_4$（Co-4）合金的马氏体转变的影响。随着退火热处理温度的升高，Co-0 合金的马氏体转变温度和居里温度随之提高，这与有序化程度提高有关；随退火热处理温度的升高，含 Co 四元合金的马氏体转变温度先略微降低然后升高，这意味着经历了缺陷消除的过程进而对转变温度的演变产生了微小的影响。由于在 Co-0 合金中没有观察到空位点缺陷消除的影响，那在 Ni-Mn-Ga 合金中添加 Co 的结果是空位密度的提高和马氏体结构的改变。因此添加合金元素 Co 将增加空位密度并影响马氏体转变和磁性转变温度，这个结论在研究新型 Ni-Mn-Ga-Co 高温磁致形状记忆合金时必须要考虑到。

Y. Q. Ma[46]等人于 2009 年研究了 Ni-Mn-Co-Ga 高温形状记忆合金的延展性和形状记忆性能。Co 含量 $x<8$ 时，$Ni_{56-x}Co_xMn_{25}Ga_{19}$ 合金由单一马氏体相组成；$Ni_{56-x}Co_xMn_{25}Ga_{19}$（$x \geqslant 8$）、$Ni_{56}Mn_{25-y}Co_yGa_{19}$（$y=4$，8）、$Ni_{56-z/2}Mn_{25-z/2}Co_zGa_{19}$（$z=4$，6）合金均由四方结构马氏体和面心立方结构 γ 相双相组织构成。在微观组织研究的基础上，合金化对马氏体转变温度和形状记忆性能以及力学性能的影响总结如下：①随着 Co 含量的增加，γ 相的数量增加，马氏体转变温度降低。②用传统热轧的方法将 $Ni_{56}Mn_{25-y}Co_yGa_{19}$ 和 $Ni_{56-z/2}Mn_{25-z/2}Co_zGa_{19}$ 合金轧成 0.5mm 厚的薄片，并测量其力学性能。动态拉伸试验和扫描电镜观察断口表明均证实 γ 相的存在对提高 Ni-Mn-Co-Ga 合金的延展性和热加工性起关键作用。不同合金成分的 γ 相体积百分数、拉伸应力和拉伸应变如表 1.1 所示。③ $Ni_{56}Mn_{25-y}Co_yGa_{19}$（$y=4$，8）和 $Ni_{56-z/2}Mn_{25-z/2}Co_zGa_{19}$（$z=4$，6）合金随着预加应力的增大，其形状记忆效应随之显著提高；随着 γ 相增多，形状记忆效应急剧降低。在具有 4.8% 残余应变的 $Ni_{53}Mn_{22}Co_6Ga_{19}$ 合金中观测到最大的可逆应变为 3.2%。当 γ 相体积分数达到 43%（$Ni_{56}Mn_{17}Co_8Ga_{19}$）时，由于多余 γ 相的有害作用使得形状记忆效应几乎消失。综上所述，添加适量的 Co 从而析出少量的 γ 相可以达到改善合金的高脆性并保持优良的形状记忆效应。

表 1.1 $Ni_{56}Mn_{25-y}Co_yGa_{19}$（$y=4$，8）和 $Ni_{56-z/2}Mn_{25-z/2}Co_zGa_{19}$（$z=4$，6）合金的 γ 相体积百分数、拉伸应力和拉伸应变

合金成分	γ 相体积百分数/%	拉伸应力/MPa	拉伸应变/%
$y=4$	19	491	8.2
$y=8$	43	729	14.1
$z=4$	8	317	2.3
$z=6$	16	483	5.5

K. Rolfs 等人[47]于 2010 年证实添加合金元素 Co 可以升高合金的马氏体转变温度和磁性转变温度。在含 5% 的 Co 并改变 Mn/Ga 比例的合金中发现两种类型的马氏体结构：四方结构和正交结构。虽然所有样品的 e/a 浓度均小于 7.7，但是并没有发现调制结构的马氏体，均为非调制结构。K. Rolfs 等人首次在 Ni-Mn-Ga 基合金中发现非调制正交结构马氏体。

2011 年，C. Seguí 等人[48]研究了时效热处理对 $Ni_{42}Co_8Mn_{32}Ga_{18}$ 合金的结构和磁性转变影响。水淬处理保留了 B2′ 相的原子无序状态，致使合金马氏体转变温度升高；随后的时效处理使得原子有序度提高，对应的马氏体转变温度降低；再继续延长时效处理的时间，马氏体转变温度升高，这主要归因于缺陷消除的过程。随着时效时间的延长，奥氏体居里温度升高，这是原子有序度提高所致。

同年，A. Satish Kumar 等人[49]研究了用 Co 取代 $Ni_{50}Mn_{29}Ga_{21}$ 合金中的部分 Ni 或 Mn 对超结构和微观组织性能的影响。$Ni_{50}Mn_{29}Ga_{21}$ 合金的室温结构为 7M 调制正交结构。用 Co 取代部分的 Mn，高 Co 含量时为稳定非调制四方马氏体相（NM），低 Co 含量时 7M 和 NM 相共存。增加 Co 的含量抑制长程孪晶变形，导致形成零星孤岛状形貌，在这之中的马氏体变体是被限制生长的。这个效应归因于 Co 取代 Mn 时局部 9.5％的原子体积变化所产生的大量局部应力。另一方面，用 Co 取代 Ni 时仅在局部产生 1.7％的原子体积变化，这既不改变合金的超结构也不改变长程孪晶变形。

有几个研究组研究了用 Fe 替代 Ni 或 Mn 对马氏体相变温度、居里温度、磁致应变以及力学性能的影响。Kikuchi 等[50]发现用少量 Fe 替代 Mn，马氏体相变温度随着 Fe 含量的增加而线性降低，这归因于 Fe 有助于稳定奥氏体相而使得马氏体相变更难发生；合金的居里温度随着 Fe 含量的增加而升高，这归因于 Fe 的掺杂增强了电子自旋之间的交换相关作用。通过对 Fe 添加量高达 11.6％的合金进行系统研究，Koho 等[51]发现掺 Fe 的四元合金马氏体的形成对电子浓度 e/a 的依赖性与三元 Ni-Mn-Ga 合金相同。Liu 等[52]研究发现，用 Fe 替代 Mn 奥氏体相的晶格常数和马氏体相的磁矩都变小，这归因于 Fe 原子的磁矩和原子直径都比 Mn 原子要小。然而，磁矩的减小并没有阻止通过变体重新排列而导致的大磁致应变的发生，在具有 5M 马氏体结构的 $Ni_{49.9}Mn_{28.3}Ga_{20.1}Fe_{1.7}$ 单晶中发现了约为 5.5％的很可观的磁致应变。此外，有报道称 Fe 的掺杂扩大了发生大磁致应变的温度区间。$Ni_{52}Mn_{16}Fe_8Ga_{24}$ 合金在 290K 具有 1.15％的磁致应变，在 170K 时仍具有 0.75％的应变，而相应的三元合金在温度降低到 240K 时磁致应变已经下降至 0.35％。从工程应用的角度来看，掺 Fe 的另一个作用是增加 Ni-Mn-Ga 合金的塑性和韧性。

人们还研究了利用其它元素对 Ni-Mn-Ga 合金进行合金化。研究发现，4f 稀土元素（Nd、Sm 和 Tb）在 Ni-Mn-Ga 合金中仅有很低的固溶度，且十分倾向于在晶界和亚晶界析出。马氏体相变温度和居里温度随电子浓度 e/a 的变化趋势与三元合金相同。掺 Sm 和 Tb 的合金的磁化强度与相应的三元 Ni-Mn-Ga 合金相似，而掺 Nd 的合金的磁化强度在高电子浓度 e/a 范围具有较高值。马氏体相变温度随着 Gd 含量的增加而显著升高。Glavatskyy 等[43]发现 Si 和 In 的掺加能显著降低 Ni-Mn-Ga 合金的马氏体相变温度，掺加 Sn 具有与 Si 和 In 相同的作用，而掺加 Pb、Zn 和 Bi 对马氏体相变温度的影响则没有那么显著。研究者还发现用 In 替代 Ga 或用 V 或 Cu 替代 Mn 能大大降低合金的居里温度，掺加 Si 和 Ge 能显著降低马氏体相变温度而掺加 C 仅能稍微降低马氏体相变温度。研究者们利用 Pt 替代 Ni 以期增加合金的电子浓度 e/a 从而提高合金的马氏体相变温度，结果发现 Pt 的掺加的确大大提高了合金的马氏体相变温度；$Pt_{10}Ni_{40}Mn_{25}Ga_{25}$ 合金的马氏体相变温度达到大约 350K。然而，综合大量研究得出结论，掺加第四种元素的合金的马氏体相变温度对电子浓度 e/a 的依赖性并不总像预料中的一样。Tsuchiya 等研究发现掺 Al、Cu、Ge、Sn 的合金的马氏体相变温度和居里温度对电子浓度 e/a 的依赖性与三元 Ni-Mn-Ga 合金明显不同。

尽管人们在通过合金化改善 Ni-Mn-Ga 合金性能方面取得了一些成就，但是经过合金化的四元合金的磁致应变显然比相应的三元 Ni-Mn-Ga 合金低。在不损害 Ni-Mn-Ga 合金磁致形状记忆效应的前提下解决这些合金中存在的问题对开发具有大磁致应变、高马氏体相变温度、高居里温度、高韧性的高性能磁致形状记忆合金有着重要的意义。然而，惯常采用的实验研究方法存在研究周期长、研究范围有限、成本高等不足。凭借理论计算的方法，可以大范围的模拟计算不同合金元素对 Ni-Mn-Ga 合金性能的影响，从中选取最合理的成分并进而指导实验研究，无疑将具有重要的理论价值和实际意义。另外，对于实验规律较明显的添加 Co 或 Fe 的四元合金，其使用性能的提高，例如居里温度的升高，单凭实验规律不能从根本上解释添加 Co 或 Fe 可以提高 Ni-Mn-Ga 合金的居里温度的原因。因此，本书借助于第一原理计算，期望能够对实验现象给出有力的理论解释及支撑，并且对开发高性能磁致形状记忆合金提供理论依据。

1.2.3.4　织构化及新工艺探索

如前所述，多晶 Ni-Mn-Ga 合金的制备相对简单易行且制造成本及能源消耗要低得多，但多晶合金中晶体取向（特别是马氏体变体）的宏观无规分布以及晶界的大量引入会导致其磁控功能行为的显著弱化。因此，优化微观组织实现织构化以及探索新的制备方法对于 Ni-Mn-Ga 合金走上实用之路至关重要。

Pötschke[53] 等通过定向凝固获得了室温下为奥氏体的 $Ni_{48}Mn_{30}Ga_{22}$ 合金，EBSD 分析表明合金中形成了 $<110>_A$ 晶向平行于定向凝固方向的织构。Gaitzsch[54] 等利用定向凝固技术制备了室温相为 7M 马氏体的 $Ni_{50}Mn_{30}Ga_{20}$ 合金，根据 XRD 织构分析推断合金中奥氏体的 $<110>_A$ 晶向具有平行于定向凝固方向的择优取向。蒋成保等采用超高温梯度真空区烧法定向凝固制备了多晶 Ni_2MnGa 合金，XRD 分析显示晶体生长轴方向的晶体取向为奥氏体 $<110>$ 晶向。Liu[55]等利用 XRD 测量了 $Ni_{50}Mn_8Fe_{17}Ga_{25}$ 薄带的 $(220)_A$、$(400)_A$ 极图，分析表明薄带具有 $[400]_A$ 轴近似平行带面法向的择优取向。郭世海等通过 XRD 研究发现，甩带制备的薄带中存在 $(400)_A$ 面平行带面的择优取向。Cong[56]等利用中子衍射分析了多晶 $Ni_{48}Mn_{25}Ga_{22}Co_5$ 合金等温热锻后的织构特征，其主要织构组分为 $(110)_M[112]_M$ 和 $(001)_M[100]_M$。

此外，研究者们还开发了一些新的合金制备方法，如粉体颗粒、纳米颗粒、微丝、薄膜、多孔泡沫等。例如，Solomon[57]等采用电火花腐蚀的方法制备了微米级的 Ni-Mn-Ga 球形颗粒，经过 973K 保温 5h 退火后颗粒展示出热弹性马氏体相变特征。Wang[58]等采用高能球磨及后续退火的方法成功制备出 Ni-Mn-Ga 合金的纳米颗粒，并通过原位高能 X 射线详细研究了纳米颗粒的相变特征。Scheerbaum 等利用溶体拉拔法制备了多晶 Ni-Mn-Ga 合金微丝（直径约 60～100μm，长度约 3mm），退火后形成了竹节结构的形貌特征，单个晶粒能够贯穿整个微丝直径，获得了 1% 的磁感生应变。Heczko[59]等和 Thomas[60]等分别制备了沉积在 $SrTiO_3$ 基板及 MgO 基板上的 Ni-Mn-Ga 薄膜，磁化曲线测量表明磁场能够诱发薄膜中的马氏体变体发生再取向。Ranzieri[61]等在 MgO 基板上制备了厚度为 10～100nm 的一系列 Ni-Mn-Ga 薄膜，室温下不同厚度的薄膜样品中形成了不同的结构相。Chernenko[62]等报道了沉积在 Mo 基板上厚度为 0.1～1μm 的薄膜能够产生 0.065% 的磁感生应变。为了减少多晶合金中晶界对变体再取向的限制，Boonyongmaneerat[63]等制备了 Ni-Mn-Ga 多孔泡沫合金，获得了 0.12% 的磁感生应变，与相应的无孔洞的多晶材料相比，磁感生应变提高了近 50 倍。

多晶 Ni-Mn-Ga 合金的未来应用空间将取决于其性能的不断提高。考虑到多晶合金制作成本及制备工艺上的潜在优势，以织构化为途径使多晶合金的性能接近于单晶，不仅能够降低制备成本，而且能够加速这类合金走上实用之路。

1.3 铁磁形状记忆合金的理论研究进展

1.3.1 Ab-initio 计算简介

毫无疑问，大部分的低能物理、化学、生物学现象都可以通过电子和离子的量子力学得到解释。量子力学预测电子和原子核系统总能的能力，使人们能够从量子力学的计算中获得巨大的利益。量子力学中的哈密尔顿量对简单单原子系统的总能可以进行精确计算，对复杂系统的总能（Total-Energy）计算的原则是单原子哈密尔顿函数简单、直接的扩展，因此，有理由期望将量子力学用于准确预测原子集合体的总能。

几乎所有的物理性能均与总能或总能之差有关。例如，晶体的平衡晶格常数是使系统总能达到最小值时的晶格常数；固体的表面和缺陷的结构，能最大限度地减少总能。如果可以计算总能，那么任何与总能或总能差相关联的物理性能也可以由计算确定。例如，为了预测晶体的平衡晶格常数，需要进行一系列的总能计算来确定总能对晶格常数的函数。如图 1.8 所示。将结果绘在能量-晶格常数图中，并构建一条通过所有数据点的平滑曲线。平衡晶格常数的理论值是这条曲线中能量最低点处对应的晶格常数。总能技术也被成功用于预测体积模量、声子、相转变压力和温度等。

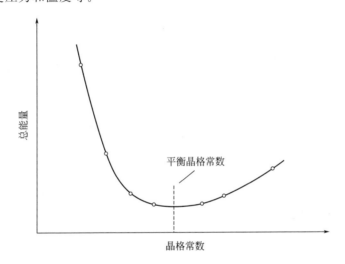

图 1.8 平衡晶格常数的理论确定

执行不同的可能晶格常数计算，并用一个函数对这些点进行拟合，
得到的平衡晶格常数是这条曲线的最小值。

物理学家已经设计出许多方法用于计算材料的各种物理性能，如晶格常数、弹性常数。这些方法只需要详细指定当前离子，通常被称为无参数 Ab-initio（从头开始）计算。近年来，所有的 Ab-initio 方法都得到不断的完善，并从日渐强大的计算机应用中受益。

关于磁致形状记忆合金 X_2YZ 的第一原理计算的文献并不太多，其中绝大多数来自芬兰 Helsinki 科技大学物理研究所，德国 Duisburg-Essen 大学物理研究所以及美国新泽西州 Rutgers 大学物理及天文学系。研究内容主要集中在以下五个方面：①晶体结构、磁性能以及电子结构；②马氏体相及其转变；③预马氏体转变和声子衍射；④力学性能和点缺陷中原子占位；⑤合金化第四组元。

1.3.2 晶体结构，磁性能以及电子结构

1.3.2.1 Ni-Mn-Ga 合金的晶格常数

1999 年，Full-potential Linearized Augmented Plane Wave（FLAPW）的计算方法研究表明，Ni_2MnGa 合金母相奥氏体的晶格常数，发现其理论计算值 5.810Å 与实验值 5.826Å 吻合良好，误差仅为 0.27%。理论计算值与实验值相比略偏小可能是由于理论计算晶格常数的温度在绝对零度，而实验上测量晶格常数的温度高于绝对零度。

2001 年，研究者们计算了化学当量比 Ni_2MnGa 合金及其相关的 Ni_2MnAl、Ni_2MnIn 合金四方马氏体的晶格常数，发现 Ni_2MnGa 四方马氏体的晶格常数为 $a = 5.52$Å，$c = 6.44$Å，即 $c/a = 1.18$。Ni_2MnGa 合金马氏体相的总能量在 $0.95 < c/a < 1.25$ 范围内基本恒定，在 c/a 比为 1 和近 1.2 处能量局部最小。

2011 年，Bai 等人计算了 Ni_2XGa（$X = Mn$，Fe，Co）合金系母相奥氏体的平衡晶格常数，发现随着 X 原子序数的增大，合金的晶格常数减小。并发现合金晶格常数的逐渐减小是由 Mn、Fe 和 Co 的原子半径依次减小所致。（Mn、Fe 和 Co 的原子半径分别为 1.61Å、1.56Å 和 1.52Å。）

1.3.2.2 居里温度

居里温度（T_C）或者居里点定义为铁磁性材料失去长程磁有序而转变为顺磁性材料时的温度。T_C 是考虑磁致形状记忆合金服役温度的一个主要参数。T_C 可以通过磁化率测量来确定，表现为材料从铁磁性向顺磁性转变时磁化率的突变。文献报道 Ni_2MnGa 合金的 T_C 为 376K。与马氏体相变温度不同，Ni-Mn-Ga 合金的 T_C 对化学成分并不敏感，成分在很大范围内分布的合金的 T_C 都在 370K 左右。很有趣的是，通过成分调整可以得到同时发生磁性转变和结构转变的合金，即 $T_C = T_m$ 的合金，由于磁弹性耦合而导致在这些合金中可能会发生一些特殊的效应。

Ni-Mn-Ga 合金居里温度的模拟计算遭遇到了巨大的困难。根据 Stoner 理论，顺磁态和铁磁态之间的总能差（ΔE_{tot}）可以用来估计居里温度。海森堡（Heisenberg）模型和分子场理论给出了 ΔE_{tot} 和 T_C 之间的关系，见式(1.5)

$$\Delta E_{tot} = -k_b T_C \xi \tag{1.5}$$

式中，ξ 表示 M/M_0 比；M 和 M_0 分别对应 $T \neq 0K$ 时的磁矩和 $T = 0K$ 时的平衡磁矩。Velikokhatny 和 Naumov[64]指出，用上述公式预测的 Ni_2MnGa 合金的居里温度 T_C 与实测值相差约 10 倍，分别为 3943K 和 380K。事实上，

Stoner 理论并不能应用于描述高温磁性能。在 Stoner 理论中，温度高于 T_C 则所有的磁矩消失。

1.3.2.3 Ni-Mn-Ga 合金的磁矩及电子结构

1999 年，Ayuela 等人[65]计算了化学当量比 Ni_2MnGa 合金母相奥氏体的磁矩，发现理论计算的总磁矩为 $4.09\,\mu_B$，与实验值 $4.17\,\mu_B$ 吻合良好。各组成原子 Ni、Mn 和 Ga 原子磁矩分别为 $0.37\,\mu_B$、$3.36\,\mu_B$ 和 $-0.04\,\mu_B$。Mn 原子为总磁矩的主要贡献者。

2001 年，Godlevsky 等人[66]计算了化学当量比 Ni_2MnGa 合金总磁矩与各组成原子 Ni、Mn 和 Ga 磁矩随 c/a 比的变化趋势图，如图 1.9 所示。研究发现 Ni_2MnGa 合金总磁矩随 c/a 比的变化与 Ni 原子磁矩随 c/a 比的变化非常相似。

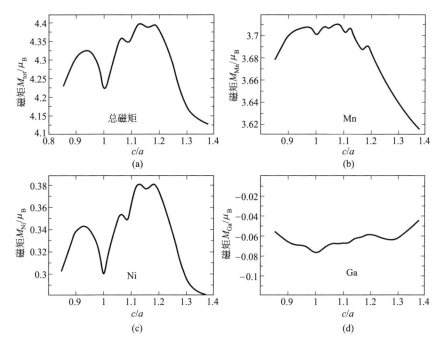

图 1.9 等体积 Ni_2MnGa 合金总磁矩和各组成原子磁矩随 c/a 比变化趋势图

2008 年，Gruner 等人[67]采用固定自旋磁矩的方法研究了化学当量比 Ni_2MnGa 合金的总能量随着磁矩和 c/a 比的变化，发现合金总能量的最小值出现在磁矩为 $4.07\,\mu_B$，且 $c/a=1.26$ 处。局部最小值出现在磁矩为 $4.03\,\mu_B$ 且 $c/a=1.0$ 处。

2003 年，Enkovaara 等人[68]从实验和计算两个角度研究了 Mn 原子掺杂化学当量比 Ni_2MnGa 合金形成 $Ni_2Mn_{1+x}Ga_{1-x}$ 合金奥氏体的磁性能随着价电子浓度的变化，如图 1.10 所示。可以看出奥氏体的饱和磁化强度在化学当量比 Ni_2MnGa 合金对应的电子浓度比为 7.5 处最大，总磁矩约为 $4\mu_B$，与第一原理计算得出的总磁矩相符。当电子浓度比超过 7.5 时，总磁矩随着电子浓度比的增加而减小，研究表明这是由富余占位的 Mn 原子磁矩反平行于正常占位的 Mn 原子磁矩所致。

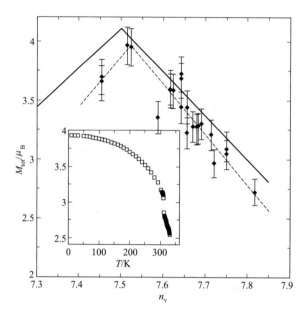

图 1.10　Ni-Mn-Ga 合金奥氏体的饱和磁化强度随原子平均价电子浓度 n_v 的变化曲线
（虚线是对实验值的线性拟合，实线是理论预测值；插图是
$Ni_{1.99}Mn_{1.16}Ga_{0.85}$ 合金磁矩随着温度的变化）

2005 年，Chakrabarti 等人[69]研究了 Ni 原子掺杂化学当量比 Ni_2MnGa 合金形成 $Ni_{2+x}Mn_{1-x}Ga$ 合金的 NM 马氏体的磁性能变化，如图 1.11 所示。研究发现随着富余 Ni 原子的增加，态密度图中自旋向下部分变化显著而自旋向上部分几乎没有变化，使得 $Ni_{2+x}Mn_{1-x}Ga$ 合金 NM 马氏体的总磁矩随着富余 Ni 原子的增加而减小。此外，通过 $Ni_{2+x}Mn_{1-x}Ga$ 合金奥氏体铁磁态与顺磁态的总能差的计算间接证实了居里温度随着富余 Ni 原子数量的增加而降低。

2006 年，Chen 等人[70]采用第一原理计算研究了 $Ni_{8+x}Mn_4Ga_{4-x}$ 形状记忆合金的马氏体转变和相稳定性，发现合金马氏体的四方性（即 c/a 比）随着 Ni 原子含量的增加而增大，合金奥氏体相与 NM 马氏体相的总能差在马氏体转变中起到重要作用，富余 Ni 原子取代贫乏 Ga 原子的 $Ni_{8+x}Mn_4Ga_{4-x}$ 合金的马氏体转变温度升高。形成能的计算结果显示随着 Ni 原子含量的增加，Ni-Mn-Ga 合金奥氏体和 NM 马氏体的稳定性降低。图 1.11 给出 $Ni_{8+x}Mn_4Ga_{4-x}$ 合金奥氏体相和 NM 马氏体相总电子态密度图，可以看出奥氏体相及马氏体相的波谷值随着 Ni 原子含量的增加而增大，这主要取决于富余 Ni 原子的贡献。

2011 年，Lázpita 等人[71]研究了非化学当量比 Ni-Mn-Ga 合金奥氏体的总磁矩与原子有序度的关系，如图 1.12 所示。研究发现化学当量比 Ni_2MnGa 合金

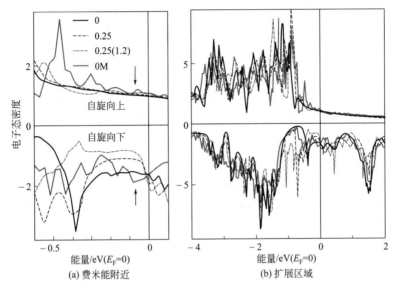

图 1.11 $Ni_{2+x}Mn_{1-x}Ga$ 合金 NM 马氏体自旋极化电子态密度图

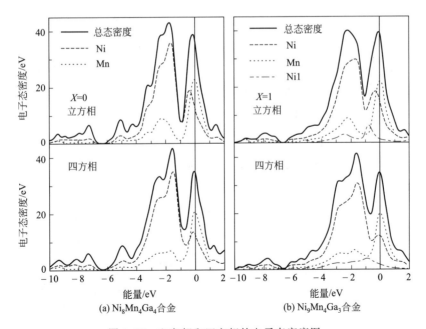

图 1.12 立方相和四方相的电子态密度图

中 [图 1.13(a)]，正常占位的 Mn 原子（Mn/Mn）间距离为 $\sqrt{2}\,a/2$，Mn/Mn-Mn/Mn 原子间为铁磁耦合；在 Mn 原子富余的合金中 [图 1.13(b)]，占据 Ga 原子位置的富余 Mn 原子（Mn/Ga）与正常占位的 Mn 原子（Mn/Mn）间距离为 $a/2$，Mn/Ga-Mn/Mn 原子间为反铁磁耦合；但是在 Mn 原子更加富余的合金中 [图 1.13(c)]，富余 Mn 原子既可以占据 Ni 原子的位置也可以占据 Ga 原子的位置。这种情况下，占据 Ni 原子位置的 Mn 原子（Mn/Ni）与正常占位的 Mn 原子（Mn/Mn）间距离为 $\sqrt{3}\,a/4$，Mn/Ni-Mn/Mn 原子间与 Mn/Ni-Mn/Ga 原子间均为反铁磁耦合，使得正常占位的 Mn 原子（Mn/Mn）与占据 Ga 原子位置的 Mn 原子（Mn/Ga）间变为铁磁耦合 [而非图 1.13(b) 中的反铁磁耦合]。

迄今为止，第一原理计算对 Ni-Mn-Ga 合金磁矩的研究主要集中在奥氏体和 NM 马氏体。由于调制马氏体晶体结构的复杂性，未见对调制马氏体超结构的稳定性以及原子磁矩变化计算方面的研究报道，特别是各组成原子的磁矩沿调制马氏体长轴（c 轴）变化的计算。毋庸置疑，进一步探索不同成分合金中调制马氏体的稳定性以及各组成原子磁矩的变化将对实际应用奠定理论基础，同时对材料成分设计起到指导作用。

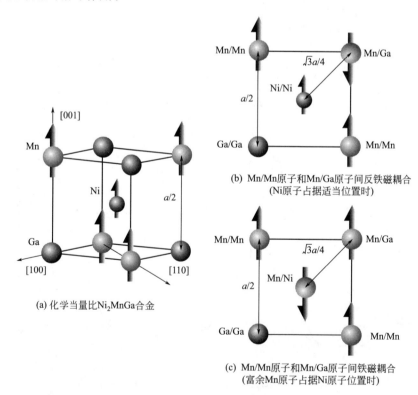

(a) 化学当量比 Ni$_2$MnGa 合金

(b) Mn/Mn 原子和 Mn/Ga 原子间反铁磁耦合
（Ni 原子占据适当位置时）

(c) Mn/Mn 原子和 Mn/Ga 原子间铁磁耦合
（富余 Mn 原子占据 Ni 原子位置时）

图 1.13　磁矩分布图

1.3.3 马氏体相及其转变

2002 年 J. Enkovaara 等人[72]指出 Ni$_2$MnGa 合金由母相 L2$_1$ 结构转变为 $c/a = 1.27$ 的非调制马氏体主要是由振动自由能驱动的；并研究了 $c/a = 0.94$ 调制马氏体的磁各向异性，发现其为近似理想的磁单轴系统。同年，J. Enkovaara 等人[73]又对 Ni$_2$MnGa 合金的磁各向异性做了系统的研究。

2003 年，Zayak 等人[74]第一次尝试模拟计算了 $c/a = 0.94$ 的五层马氏体结构，为使计算的初始结构与实验中观察到的结构相近，设定一个调幅周期为 5 个原子层，Mn-Ga 原子面与 Ni 原子面的初始调制结构振幅为 0.175Å，图 1.14 给出了优化后 5M 马氏体的结构。研究发现调制马氏体相的调幅周期与初始设定值相比没有变化，但是超级胞的晶格常数有所改变，$a = 4.17$Å，$b = 20.73$Å，$c = 5.633$Å。以立方奥氏体相作为参照，5M 马氏体的 $c/a = 0.955$，与实验值 $c/a = 0.94$ 接近。进一步观察发现两种原子面的调制结构振幅不同：Mn-Ga 原子面和 Ni 原子面的调制结构振幅分别为 0.292Å 和 0.324Å，上述从理论上计算的调制结构马氏体的振幅并未从实验中证实。M. E. Gruner 等人[75]模拟了 Ni$_2$MnGa 合

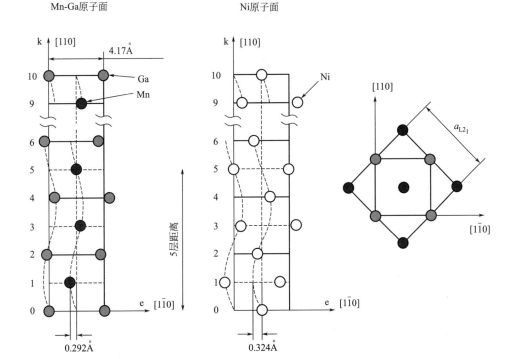

图 1.14 结构优化后 Ni$_2$MnGa 合金调制马氏体两种不同原子面的计算结果

金马氏体相孪晶界的移动。P. Entel 等人[76]模拟了磁致形状记忆合金的马氏体转变，研究了不同外磁场强度对 $L2_1$ 母相和 14M 马氏体相的电子态密度的影响。M. A. Uijttewaal 等人[77]计算了奥氏体、调制预马氏体和非调制马氏体的自由能。自由能的计算结果与实验观察到的化学计量比 Ni_2MnGa 随温度降低的相转变顺序一致。

实验上观察到的化学计量比 Ni_2MnGa 随温度降低的相变顺序为顺磁奥氏体、铁磁奥氏体、调制 3M 预马氏体、调制 5M 马氏体或调制 7M 马氏体、非调制马氏体。如果能同时对 Ni_2MnGa 各相（包括顺磁奥氏体、铁磁奥氏体、调制 3M 预马氏体、调制 5M 马氏体或调制 7M 马氏体、非调制马氏体）的自由能进行计算，就可以给出实验上观察到的随着温度降低而发生相变的根本原因，这将对实验现象给出有力的理论解释及支撑。

1.3.4 预马氏体转变和声子衍射

2003 年，A. T. Zayak 等人[78]最先利用第一原理研究 Ni_2MnGa 合金预马氏体转变和声子散射。他们计算了立方 $L2_1$ 母相和非调制马氏体相的声子散射曲线，并指出 $L2_1$ 结构波矢 $q = [1/3, 1/3, 0]$ $(2\pi/a)$ 处声子横向声学（TA）模式完全软化。TA_2 声子模式的软化会导致实验中观察到预马氏体调制超结构。2005 年，A. T. Zayak 等人[79]系统地计算了非磁和磁性 Heusler 合金沿 [110]方向的声子衍射谱。声子衍射谱表明，铁磁性的 Ni_2MnGa、Ni_2MnAl、Ni_2MnIn、Ni_2MnGe 以及非磁性的 Ni_2TiGa 合金 $L2_1$ 结构是不稳定的；而铁磁性的 Co_2MnGa，Co_2MnGe 和亚铁磁性的 Fe_2MnGa 合金 $L2_1$ 结构是稳定的。M. E. Gruner 等人使用固定自旋磁矩的方法研究了外磁场对 Ni_2MnGa 结构稳定性的影响。通过不同磁场强度下 $L2_1$ 结构声子衍射谱的对比发现，磁场可以稳定 $L2_1$ 母相，这与实验中观察到的外加磁场导致马氏体温度降低相对应。P. Entel 等人[80]研究了 X_2YZ（$X =$ Fe, Co, Ni, Pd; $Y =$ Mn, Fe, Co; $Z =$ Al, Ga, Ge, In, Sn）磁致形状记忆合金在外磁场作用下的变化。研究表明费米面附近自旋向下大幅减少的 Ni-3d 电子态密度能稳定四方马氏体相。足够强的磁场可以抑制 Ni_2MnIn 合金的马氏体转变。

1.3.5 力学性能和点缺陷中原子占位

J. M. Lu 等人[81]使用第一原理计算了非化学计量比 TiNi 传统形状记忆合金的弹性常数随着合金成分的变化趋势。他们指出，Zener 各向异性，即 c_{44}/c'，随着 Ni 含量的提高而增大，但是 c_{44}/c' 的值很小，这表示在马氏体转变过程中随着温度的降低，软化的 c_{44} 和 c' 之间存在强烈的相互关联；对于富 Ni 的 TiNi 合金，随着 Ni 含量的增加，c_{44} 增大而 c' 减小，这归因于反位的 Ni 和他周围正常位置上的 Ni 库伦静电排斥作用；对于富 Ti 的 TiNi 合金，c_{44} 和 c' 均对成分不敏感，这是由于 Ti 反位缺陷和它周围的 Ti 原子没有库伦静电排斥作用。大的 c_{44} 对应较高的马氏体转变温度。Q. M. Hu 等人[82]通过计算 300K 下的自由能来确定非化学计量比 Ni_2MnGa 合金的原子占位情况。结果表明，大多数的非化学计量比 Ni_2MnGa 合金是采用正常占位，即过量组分的原子占据贫乏组分的亚晶格；但是在 Ga 富余的合金中，过量的 Ga 原子倾向占据 Mn 的位置，而不论 Mn 是否贫缺。之后根据优先占位情况计算了弹性常数：通常情况下，随着合金 e/a 比的增加，体积模量变大，剪切模量 c' 减小，而 c_{44} 增加；但是富 Mn 贫 Ga 合金的弹性模量变化与大趋势不同。

仅少量文献提及近化学计量比 Ni_2MnGa 合金中的原子有序度及原子优先占位情况。$Ni_2Mn_{1+x}Ga_{1-x}$ 合金系中过量的 Mn 原子直接占据 Ga 原子的亚晶格[83]，正常的原子占位普遍存在于大多数的非化学计量比的 Ni_2MnGa 合金中[82]。而对于其它实验上热门的合金系，包括 Ni-Fe-Ga、Ni-Co-Ga、Ni-Mn-In 等，尚未见对这些合金系统的原子优先占位情况的研究，也未见对成分调整中产生的各种点缺陷的研究。事实上，在样品制备过程中，原子有序度和各种点缺陷形成能的计算结果，对于合金成分调整对马氏体相变温度和磁性能的影响均具有十分重要的指导意义。

1.3.6　合金化第四组元

J. Chen 等人[84]模拟了向 $Ni_9Mn_4Ga_3$ 合金中掺杂不同含量的 Al 或 In，详细研究了不同掺杂元素对合金电子结构和形成能的影响。结果表明掺杂 Al 可以稳定 $Ni_9Mn_4Ga_3$ 合金的奥氏体相和马氏体相，但是掺杂 In 的作用相反；根据分波态密度和结构能量的分析，Al 和 In 对相稳定性的不同作用归因于化学影响。奥氏体和马氏体相形成能的差值随着 Al 或 In 的掺杂而降低，这与实验上观察到的马氏体转变温度的降低有密切关联。

已有的对 Ni-Mn-Ga 合金化第四组元的计算文献仅触碰到了冰山一角。将来这方面的模拟计算可以有以下两个方向：一是对实验上已经开始研究的四元 Ni-Mn-Ga-X 合金展开模拟计算，以期对实验现象给出理论解释及支撑；二是凭借理论计算的方法展开大范围的搜索，从而根据计算结果选取合理的合金成分并最终指导实验研究。这将解决传统实验"炒菜法"研究周期长、研究范围有限、成本高等问题，无疑将具有重要的理论价值和实际意义。

第2章

化学计量比Ni$_2$XY（X=Mn，Fe，Co；Y=Ga，In）合金的晶体结构、磁性能和电子结构

2.1 引言

作为一种新兴发展的材料，Ni-Mn-Ga 磁致形状记忆合金具有很多优点，但是也存在一些限制其发展的致命缺点，诸如高脆性和激励输出应力极低。实验上发现用 Fe 或 Co 取代 Ni-Mn-Ga 合金中的 Mn 组分（Ni-Fe-Ga[85]和 Ni-Co-Ga 合金[86]），从而在合金中析出适量的第二相 γ 相来改善合金的高脆性；用 In 取代 Ni-Mn-Ga 合金中的 Ga 组分（Ni-Mn-In 合金）[87]通过改变形状记忆机制来大幅提高合金的输出应力。虽然实验上有关这些新型合金的使用性能方面取得了大量的研究成果，但是很多基础问题仍然不明，例如用 Fe 或 Co 取代 Mn 致使合金中析出第二相的机制、第二相与母相的稳定性关系、合金的微观磁性能与电子结构等，这些问题的解决将极大地促进这类合金的发展。

Mn、Fe 和 Co 是同周期近邻元素，而 Ga 和 In 共属同族，同时研究 Ni$_2$XY（X＝Mn，Fe，Co；Y＝Ga，In）合金系统可以提供当 X 或 Y 组元被其它元素替代时晶体结构、电子结构以及磁性能的演变规律，这些信息对设计高性能磁致形状记忆合金至关重要。然而，惯常采用的实验研究方法存在研究周期长、研究范围有限、成本高等不足；甚至有些方面无法直接用实验方法获得，例如原子磁矩、电荷成键行为等。因此，人们希望通过模拟计算的方法开展用 Fe 或 Co 取代 Mn，或（和）用 In 取代 Ga 对合金晶体结构、母相与第二相的稳定性、磁性能和电子结构影响的研究。

同时，实验中已经证实形状记忆效应源自磁场驱动下马氏体变体的重新排列。事实上，大的形状记忆效应主要在 5M 和 7M 调制结构马氏体中被观测到。因此，调制结构马氏体的磁性能研究对于探究磁场驱动诱导形状记忆效应的物理机制至关重要，例如磁矩大小和组成原子的磁矩分布。实验中已经揭示了奥氏体

中各组成原子对磁性能的贡献，发现 Ni-Mn-Ga 立方晶体结构奥氏体中 Mn 原子是磁矩的主要携带者。

然而，由于实验手段的限制，迄今为止未见关于调制结构马氏体原子磁矩的相关实验研究报道。Ni-Mn-Ga 磁致形状记忆合金的理论研究主要集中在奥氏体和非调制马氏体的晶体结构、相稳定性及磁矩等方面，由于调制马氏体长周期的复杂性，未见关于调制结构马氏体理论研究的相关报道。

2.2　计算方法

利用量子力学计算软件包 Vienna Ab-initio Simulation Package (VASP)[88-90]，在密度泛函理论的基础上进行第一原理计算。这里，离子和电子的相互作用采用投影缀加波（Projector Augmented Wave，PAW)[91,92] 和 Vanderbilt 型超软赝势（Ultra-Soft Pseudopotentials，USPP)[93,94] 两种方法描述，对于过渡族金属来说，在 VASP 中无论选择 PAW 或 USPP 近似都可以大量地约简每个原子的平面波的数量。交换相关能则利用 Perdew 和 Wang （PW91）所提出的广义梯度近似方法 （Generalized Gradient Approximation，GGA)[95]。按照 USPP 近似方法，不参与金属成键行为的核电子被冻结，只考虑价电子的影响，故所涉及的金属元素的电子构型分别为 Ni-3d⁸4s²、Mn-3d⁶4s¹、Fe-3d⁷4s¹、Co-3d⁸4s¹、Ga-4s²4p¹、In-5s²5p¹。在 PAW-GGA 近似中动能截断能取为 275eV，而在 USPP-GGA 近似中则选取 250eV。k 点网孔用 Monkhorst-Pack 方法[96]产生。

模拟计算时，考虑电子自旋极化的影响并用共轭梯度算法弛豫所有的晶体结构，另外，单胞内的原子位置和单胞体积在弛豫的过程中也均被优化。VASP 程序包计算出的磁结构是线性的（磁矩投影到垂直轴上）。原子磁矩被定义为投影到原子轨道上的自旋密度差。Ni、Mn、Fe、Co、Ga 和 In 的 Wigner-Seitz 半径分别为 1.286Å、1.323Å、1.302Å、1.302Å、1.402Å 和 1.677Å。结构优化之后，本章计算了一项力学性能参数——体积模量：在平衡体积 V_0 附近−3%～+3% 范围内变形，并将体积-能量的结果用 Birch-Murnaghan 方程[97,98]拟合，在抛物线的最低点处得到能量的最小值，进而得到材料的体积模量参数。

2.3　Ni₂XY（X= Mn，Fe，Co；Y= Ga，In）合金的结构参数、相稳定性和磁性能

2.3.1　结构参数优化

首先使用 USPP 和 PAW 两种赝势优化了 Ni₂MnGa 合金顺磁态和铁磁态两

种磁性状态下的奥氏体母相和非调制四方马氏体相的晶格常数，两种结构所属的空间群分别为 Fm$\bar{3}$m 和 I4/mmm，如图 2.1(a)、(b) 所示，并将计算结果列于表 2.1 中。

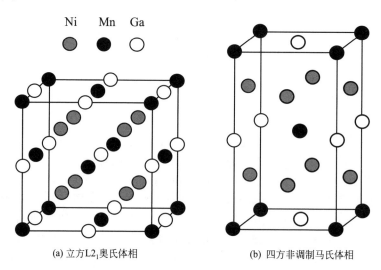

(a) 立方L2$_1$奥氏体相   (b) 四方非调制马氏体相

图 2.1　Ni$_2$MnGa 的晶体结构

为了验证计算方法，将表 2.1 的计算结果与实验结果[14,99]进行比较。从表 2.1 中可以看出，铁磁态超软赝势方案给出的结果与文献中的中子衍射实验结果吻合得最好，相对误差小于 0.5%。除特殊说明，后续所有计算均选用铁磁性的超软赝势构型进行计算。

其次，Ni$_2$MnGa 合金中具有 L2$_1$ 立方结构的奥氏体母相与非调制四方结构的马氏体相的晶格常数、总磁矩和体积模量的模拟计算结果如表 2.2 所示。体积模量表示物质的不可压缩性。从表中可以看出，本节的计算结果与现有的实验值吻合良好。其中，对于两相的晶格常数，理论计算值与中子衍射测量结果[14]的相对误差仅为 0.34%；对于奥氏体相的磁矩，计算值与实验值[100]之间的相对误差仅为 0.72%；而 Ni$_2$MnGa 四方马氏体相的磁矩还未见过实验报道。从表 2.2 可以得到结论：马氏体相的总磁矩略高于奥氏体相的总磁矩，而体积模量则相反。

表 2.3 为 Ni$_2$XY（X＝Mn，Fe，Co；Y＝Ga，In）合金系的平衡晶格常数和体积模量。由表可见，随着 X 原子序数的增大，合金的晶格常数逐渐减小。E. Clementi 等人[101]计算了 X 的原子半径，Mn、Fe 和 Co 的原子半径分别为 1.61Å、1.56Å 和 1.52Å。因此，合金晶格常数的逐渐减小是由 Mn、Fe 和 Co 的原子半径依次减小所致。

从表 2.3 还可以看出，与平衡晶格常数的变化趋势相反，体积模量随 X 原子序数的增大而增加，即合金的不可压缩性增强。此外，用 In 取代 Ga 导致合金的晶格常数增大，这主要是由 In 的原子半径大于 Ga 的原子半径所致；而合金的体积模量减小，表示合金的不可压缩性降低。

表 2.1 Ni_2MnGa 合金奥氏体母相和非调制四方马氏体相的平衡晶格常数

项目		$L2_1$立方奥氏体 $a/Å$	非调制马氏体		
			$a/Å$	$c/Å$	c/a
USPP	铁磁	5.805	3.853	6.612	1.716
	顺磁	5.711	3.634	6.641	1.827
PAW	铁磁	5.774	3.840	6.520	1.698
	顺磁	5.692	3.672	6.513	1.774
实验值		5.823[14]	3.852[99]	6.580[99]	1.708[99]

注：用 USPP 和 PAW 两种赝势来模拟铁磁态和顺磁态的两相，实验值[14,99]也列出进行比较。

表 2.2 用 USPP-GGA 近似对 Ni_2MnGa 的奥氏体相和非调制马氏体相进行优化

$L2_1$立方奥氏体 $Fm\bar{3}m$	非调制马氏体 $I4/mmm$
$a_{th.}=5.805Å$	$a_{th.}=3.852Å$；$c_{th.}=6.580Å$；$c/a=1.708$
$a_{exp.}=5.823Å$[14]	$a_{exp.}=3.865Å$[99]；$c_{exp.}=6.596Å$[99]；$c/a=1.707$[99]
$M_{th.}=4.20\mu_B$	$M_{th.}=4.27\mu_B$
$M_{exp.}=4.17\mu_B$[100]	$M_{exp}=4.38\mu_B$[108]
$B_{th.}=151.2GPa$	$B_{th.}=150.5GPa$

注：优化内容包括平衡晶格常数 a、磁矩 M 和体积模量 B，并和实验值[14,99,100]进行比较（th. 表示理论计算值，exp. 表示文献中给出的实验结果）。

表 2.3 采用 USPP-GGA 方法计算的 Ni_2XY (X＝Mn，Fe，Co；Y＝Ga，In) 合金奥氏体母相的平衡晶格常数 a 和体积模量 B，并与文献中的实验值和其它计算结果相比较

Ni_2XGa	$a/Å$	B/GPa	Ni_2XIn	$a/Å$	B/GPa
Ni_2MnGa	5.805 5.823[14]	151 146[102]155[105]	Ni_2MnIn	6.053 6.071[106]	127 138[107]
Ni_2FeGa	5.752 5.741[103]	164	Ni_2FeIn	5.992	140
Ni_2CoGa	5.699 5.405[104]	171 169[104]	Ni_2CoIn	5.944	145

2.3.2 立方母相的能量稳定性

为了研究用 Fe 或 Co 取代 Mn，用 In 取代 Ga，对 Ni_2XY 合金系中立方奥氏体相稳定性的影响，本节计算了 Ni_2XY (X＝Mn，Fe，Co；Y＝Ga，In) 合金

系立方母相的形成能（如图 2.2 所示）。形成能的计算公式如下

$$E_f = E_{tot}(Ni_2 XY) - 2E_{tot}^0(Ni) - E_{tot}^0(X) - E_{tot}^0(Y) \qquad (2.1)$$

式中，$E_{tot}(Ni_2 XY)$ 为 $Ni_2 XY$ 合金立方母相原胞的基态总能量；E_{tot}^0 (Ni)、$E_{tot}^0(X)$ 和 $E_{tot}^0(Y)$ 分别是纯金属 Ni、X(Mn，Fe，Co) 和 Y(Ga，In) 的单个原子的基态总能量。

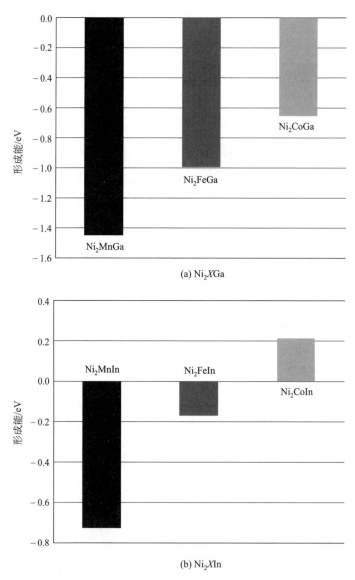

(a) $Ni_2 X$Ga

(b) $Ni_2 X$In

图 2.2　$Ni_2 X$Ga 和 $Ni_2 X$In（X＝Mn，Fe，Co）合金系立方母相的形成能

由图 2.2(a) 可见，$Ni_2 X$Ga 立方相的形成能均为负值，说明立方结构可以

稳定存在。随着 X 原子序数的增大（Mn，Fe，Co），立方母相的形成能逐渐升高。因此，用 Fe 或 Co 取代 Mn 组元后，Ni_2XY 立方母相的稳定性将变差，这与实验中发现的用 Fe 或 Co 取代 Mn 组元后易析出第二相 γ 相有直接关系。另外，用 In 代替 Ga，也导致了立方母相形成能的升高，使其稳定性变差。

2.3.3　立方母相的磁性能与电子态密度

表 2.4 为 Ni_2XGa（$X=$Mn，Fe，Co）合金系的总磁矩和原子磁矩。由表 2.4 可知，Ni_2XGa 合金的磁矩主要局域化在 X 的原子位置上。Ni 原子仅贡献很小的磁矩。Ga 的原子磁矩几乎为 0，并且 Ga 原子磁矩方向与 X 原子磁矩方向相反，这个特征揭示了 X 原子的 3d 态电子与 Ga 原子的 sp 态电子强烈的杂化作用。Webster 等人[6]通过中子衍射的实验报道了 Ni_2MnGa 的总磁矩为 $4.17\,\mu_B$，在 Mn 位置上局域化的磁矩约为 $3.84\,\mu_B$，Ni 原子携带 $0.33\,\mu_B$ 的磁矩，本文有关 Ni_2MnGa 磁性的计算结果与之吻合良好。

表 2.4　采用 USPP-GGA 方法计算的 Ni_2XGa（$X=$Mn，Fe，Co）合金中奥氏体母相的总磁矩和原子磁矩（M），并与文献中的实验值和其他计算结果相比较

Ni_2XGa	M_{tot}/μ_B	M_{Ni}/μ_B	M_X/μ_B	M_{Ga}/μ_B
Ni_2MnGa	4.20 $4.17^{[100,6]}$ $4.27^{[105]}$	0.35 $0.33^{[6]}$ $0.36^{[104]}$	3.52 $3.84^{[6]}$ $3.43^{[100]}$	-0.06 $-0.04^{[100]}$
Ni_2FeGa	3.41 $3.04^{[103]}$	0.28	2.91	-0.04
Ni_2CoGa	1.80 $1.78^{[104]}$	0.14 $0.16^{[104]}$	1.58 $1.55^{[104]}$	-0.02 $-0.02^{[104]}$

用 Fe 或 Co 取代 Mn 组分会导致合金总磁矩降低，如表 2.4 所示。Ni_2FeGa 和 Ni_2CoGa 合金中的 Ni 原子磁矩和 X 原子磁矩与 Ni_2MnGa 的 Ni 原子磁矩和 Mn 原子磁矩相比均降低，这直接贡献于合金总磁矩的降低。总磁矩的逐渐减小，亦即逐渐弱化的磁性，主要取决于 X 原子的 3d 态电子变化。

表 2.5 为 Ni_2XIn（$X=$Mn，Fe，Co）合金系的总磁矩和原子磁矩。用 Fe 或 Co 取代 Mn 所引起的 Ni_2XIn 合金磁性的变化规律与 Ni_2XGa 系的磁性变化规律相似，这里就不再赘述。值得注意的是，对比表 2.4 和表 2.5，用 In 取代 Ga 导致合金的磁性略有增强，这主要由 X 原子磁矩增强所致。

为了探究 Ni_2XY（$X=$Mn，Fe，Co；$Y=$Ga，In）合金系的磁性能微观本质，本节用带有布洛赫修正的四面体方法计算了立方结构奥氏体相的总自旋分解态密度，如图 2.3 和图 2.4 所示。态密度的计算是在前述平衡晶格常数和优化的各内在参数的基础上进行的。

表 2.5　采用 USPP-GGA 方法计算的 Ni_2XIn （$X=Mn$，Fe，Co）合金中奥氏体母相
的总磁矩和原子磁矩 （M），并与文献中的实验值和其它计算结果相比较

Ni_2XIn	M_{tot}/μ_B	M_{Ni}/μ_B	M_X/μ_B	M_{In}/μ_B
Ni_2MnIn	4.33 4.22[79]	0.33	3.69	−0.08
Ni_2FeIn	3.49	0.28	3.00	−0.06
Ni_2CoIn	1.90	0.15	1.68	−0.04

图 2.3(a)～(c) 分别为 Ni_2XGa （$X=Mn$，Fe，Co）合金的总电子态密度图。对比图 2.3(a)～(c) 可以看出，所有的系统均包含三个区域：低价带区、高价带区和导带区。低价带区的自旋向上部分和自旋向下部分几乎是对称的，这个区域对合金磁性的贡献几乎为零。三种合金的高价带区，从 $-6～-2eV$ 之间的自旋向上和自旋向下总态密度也几乎相同。因此主要集中注意力在费米面附近的态密度变化上。

对 Ni_2MnGa 到 Ni_2CoGa 合金，费米面处的自旋向下电子态密度逐渐增加，而自旋向上部分几乎不变。合金的总磁矩是由自旋向上和自旋向下的总电子数之差所决定的。就 Ni_2MnGa 合金而言，费米面位于自旋向下态密度两个峰（位于 $-0.2eV$ 和 $0.8eV$ 处）的波谷里。在 Ni_2FeGa 合金的费米面处，自旋向下电子态密度比 Ni_2MnGa 的大，这是由于一个 Fe 原子比一个 Mn 原子多了一个价电子。对于 Ni_2CoGa 合金，费米面自旋向下处为一主峰，电子密度更大。因此，三种合金的自旋向上部分为满占据态，而随着 X 原子序数的增加，自旋向下部分的电子数逐渐增大，导致自旋向上和向下两部分的电子数之差减小。综上所述，Ni_2MnGa 合金具有最大的总磁矩，Ni_2CoGa 合金的最小，这就是合金磁性减弱的根本原因。

图 2.4 给出 Ni_2XIn （$X=Mn$，Fe，Co）合金系的总电子态密度图，其变化趋势与 Ni_2XGa 系基本一致。

图 2.5 和图 2.6 所示分别为 Ni_2XGa 和 Ni_2XIn （$X=Mn$，Fe，Co）合金系的自旋分波态密度图。每种合金的 Ni 和 X 原子 3d 轨道电子态密度被分别给出。从图 2.5(a)～(c) 可以看出，费米面之下的分波态密度由 Ni 和 X 原子的 3d 态杂化成键决定。Ni_2XGa 三种合金的 Ni 原子 3d 态自旋向上部分从 $-5eV$ 一直延伸到费米面 E_F 之上。Ni3d 自旋向下部分的 t_{2g} 电子态密度是以 $-1.7eV$ 为中心分布，而 e_g 态则分布在费米面附近。Ni_2XGa 三种合金的 Ni 分波态密度的主要区别在于费米面附近，用 Fe 或 Co 取代 Mn 而造成 e_g 电子态的劈裂。Ni_2MnGa 合金中 Mn 原子的 3d 态自旋向下部分由位于费米面之上 $1.8eV$ 处反键区的主峰支配，并在费米面之下有一定的电子分布。Mn 原子 3d 态自旋向上部分被完全占据，t_{2g} 和 e_g 电子态清晰地分离开，分别分布在 $-3.1eV$ 和 $-1.2eV$ 处。对比

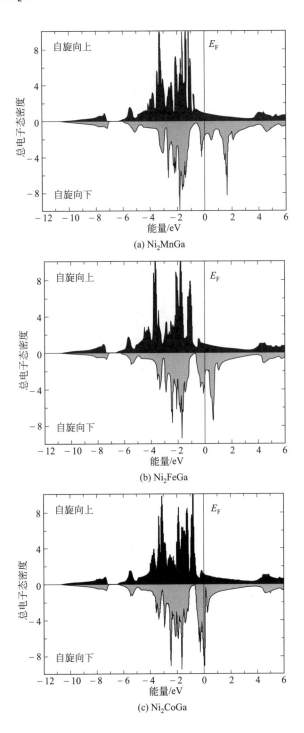

图 2.3 Ni₂XGa（X = Mn，Fe，Co）合金系的自旋极化总电子态密度图

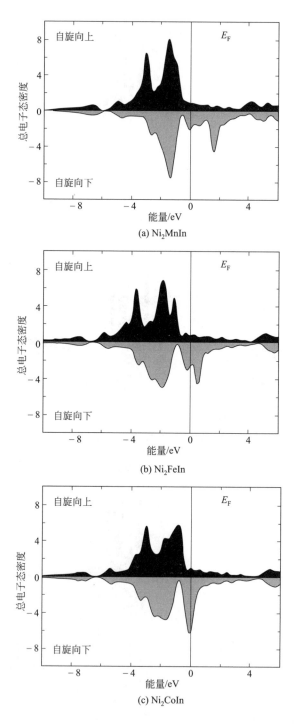

图 2.4　$Ni_2 X In$（$X = Mn$，Fe，Co）合金系的自旋极化总电子态密度图

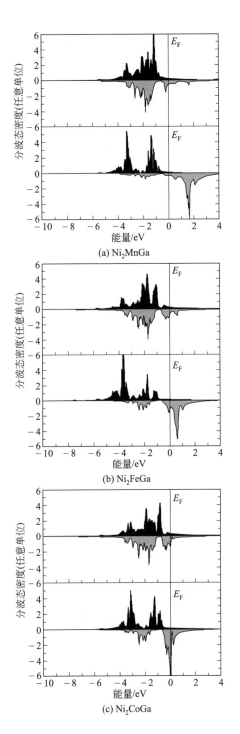

图 2.5　Ni$_2$XGa（X＝Mn，Fe，Co）合金系立方母相的自旋极化分波态密度图

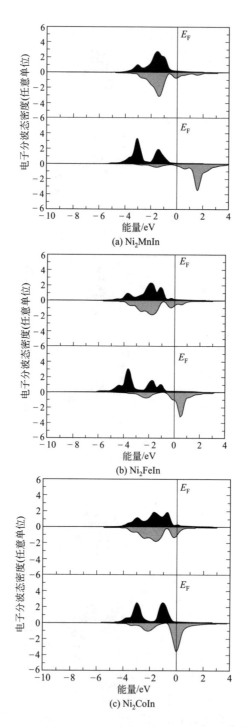

图 2.6　Ni_2XIn（X＝Mn，Fe，Co）合金系立方母相的自旋极化电子分波密度图

图 2.5(a)～(c) 可以得出，用 Fe 或 Co 取代 Mn，X 的分波态密度主要有三个区别，并且全部出现在自旋向下部分：①以 $-2\mathrm{eV}$ 为中心的电子态密度峰逐渐增强；②位于费米面之上的反键区域变窄；③费米面的位移。用 Fe 或 Co 取代 Mn 对电子态密度的作用主要体现在自旋向下部分，尤其在费米面附近。

图 2.6 给出 $\mathrm{Ni}_2 X\mathrm{In}$（$X=\mathrm{Mn}$，Fe，Co）合金系的自旋分波电子态密度图，其变化规律与 $\mathrm{Ni}_2 X\mathrm{Ga}$ 系颇为相似。

在此基础上，本章进一步对 $\mathrm{Ni}_2 XY$（$X=\mathrm{Mn}$，Fe，Co；$Y=\mathrm{Ga}$，In）合金系的电子成键行为进行了研究。图 2.7 和图 2.8 分别给出 $\mathrm{Ni}_2 X\mathrm{Ga}$ 系和 $\mathrm{Ni}_2 X\mathrm{In}$ 系差分电荷密度图。分析表明，有两种成键特征出现在 $\mathrm{Ni}_2 X\mathrm{Ga}$ 合金体系中：对于 $\mathrm{Ni}_2\mathrm{MnGa}$ 合金系 [图 2.7(a)]，相邻 Ni 原子之间存在强烈的电荷成键行为；对于 $\mathrm{Ni}_2\mathrm{FeGa}$ 和 $\mathrm{Ni}_2\mathrm{CoGa}$ 合金系 [图 2.7(b)、(c)]，化学键存在于 Ni 和 X 原子之间，且 $\mathrm{Ni}_2\mathrm{CoGa}$ 合金的成键强度大于 $\mathrm{Ni}_2\mathrm{FeGa}$。

与 $\mathrm{Ni}_2 X\mathrm{Ga}$ 系不同，在 $\mathrm{Ni}_2 X\mathrm{In}$ 系中只发现一种电子成键方式，即大量的电荷聚集在 Ni 和 X 原子之间，如图 2.8(a)～(c) 所示。其中，$\mathrm{Ni}_2\mathrm{CoIn}$ 中的电荷成键最强，$\mathrm{Ni}_2\mathrm{MnIn}$ 最弱。电荷成键的方式和键强度不同，必将会导致合金具有不同的结构和磁性能。

2.3.4　合金系的能量和磁性能随四方畸变度的变化

在上述平衡晶格常数的基础上，保持立方结构原胞体积不变，本节模拟计算了绝对零度下 $\mathrm{Ni}_2 X\mathrm{Ga}$ 和 $\mathrm{Ni}_2 X\mathrm{In}$（$X=\mathrm{Mn}$，Fe，Co）合金的总能量、总磁矩以及原子磁矩随四方畸变度（c/a 比）的变化趋势，如图 2.9 所示。虽然模拟计算是设定在绝对零度下进行的，但是合金中不同的结构至少在变化趋势曲线的局部极小值处有所体现。图 2.9(a) 给出了 $\mathrm{Ni}_2 X\mathrm{Ga}$ 系合金总能量随四方畸变度（c/a 比）的变化趋势。由图可见，$\mathrm{Ni}_2\mathrm{MnGa}$、$\mathrm{Ni}_2\mathrm{FeGa}$ 和 $\mathrm{Ni}_2\mathrm{CoGa}$ 系合金均有两个能量局部极小值点，其中第一个极小值点分别出现在 $c/a=1.00$、0.91 和 0.86 处，第二个最小值点分别位于 $c/a=1.25$、1.25 和 1.37 处。这里，$c/a=1.00$ 代表立方结构的奥氏体相；$c/a\neq1.00$ 代表马氏体相。

根据 A. T. Zayak 和 P. Entel 等人[74]的计算结果，对于 $\mathrm{Ni}_2\mathrm{MnGa}$ 系合金，c/a 比约等于 1.25 的非调制马氏体是极低温度下最稳定的相，本计算结果与之相一致。而对 $\mathrm{Ni}_2\mathrm{FeGa}$ 和 $\mathrm{Ni}_2\mathrm{CoGa}$ 合金总能量随四方畸变度 c/a 的变化的研究尚未见过类似报道。

图 2.9(b) 给出了 $\mathrm{Ni}_2 X\mathrm{In}$ 系合金总能量随四方畸变度（c/a 比）的变化趋势。对于 $\mathrm{Ni}_2\mathrm{MnIn}$ 和 $\mathrm{Ni}_2\mathrm{FeIn}$ 合金，仅在 $c/a=1.00$ 处有一最小值点，表明这两种合金中的立方结构奥氏体相直到降温至绝对零度都拥有高度的稳定性，亦即

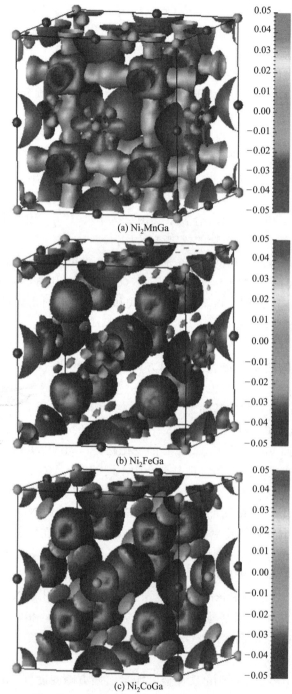

图 2.7　Ni₂XGa（X＝Mn，Fe，Co）合金系
立方母相的差分电荷密度图（0.035e/Å³ 等值面）

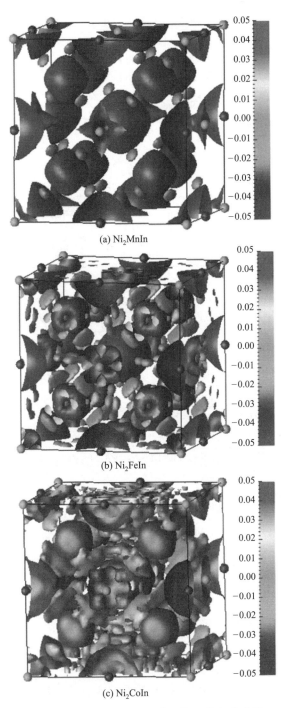

(a) Ni$_2$MnIn

(b) Ni$_2$FeIn

(c) Ni$_2$CoIn

图 2.8　Ni$_2$XIn（X=Mn，Fe，Co）合金系
立方母相的差分电荷密度图（0.03e/Å^3 等值面）

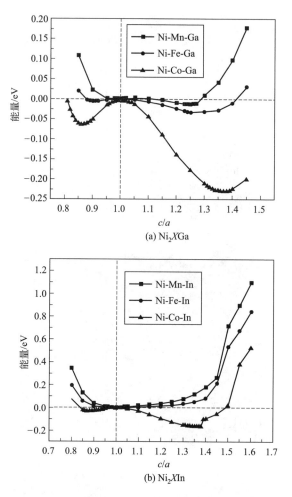

图 2.9 Ni₂XGa 和 Ni₂XIn（X＝Mn，Fe，Co）系合金的
总能量随四方畸变度 c/a 的变化（能量零点位置对应于立方母相的结构）

意味着当温度降低时其不会发生马氏体转变。然而，合金的形状记忆效应是建立在马氏体转变之上的，如果没有马氏体转变，形状记忆效应也就不能实现。因此，不论 Ni₂MnIn 或是 Ni₂FeIn 系合金，必须要进行适当的成分调整使马氏体转变温度提高，才有可能实现形状记忆效应。

与 Ni₂MnIn 和 Ni₂FeIn 合金不同，Ni₂CoIn 合金分别在 c/a＝0.88 和 c/a＝1.36 处存有两个能量极小值点，在 c/a＝1.00 处出现一个能量极大值点。相比较而言，Ni₂CoIn 合金的马氏体结构拥有最低的能量值，所以它的马氏体相是最稳定的。虽则如此，Ni₂CoIn 合金的奥氏体相与马氏体相之间存在很大的能量差，意味着这种合金中的马氏体转变难于被外场驱动，亦即难以实现外场诱发形状记忆效应。

Ni$_2$XGa（$X=$Mn，Fe，Co）合金的总磁矩和原子磁矩随着四方畸变程度（c/a 比）的变化趋势如图 2.10 所示。可以看出，总磁矩主要来源于合金中 X 原子的贡献。由于 Ga 原子的磁矩太小，接近于 0，其对总磁矩的贡献可以忽略不计；总磁矩变化曲线的形状基本上与 Ni 原子磁矩的变化相似，Ni$_2$FeGa 合金除外。在 Ni$_2$MnGa 合金中（$X=$Mn），如图 2.10(a）所示，总磁矩随四方畸变度 c/a 比呈波浪形变化；Ni 的原子磁矩与总磁矩的变化趋势相似；当 $c/a<$ 1.00 时，Mn 的原子磁矩随着 c/a 比增加而增大，在 $c/a=1.00$ 处达到最大值后单调降低。

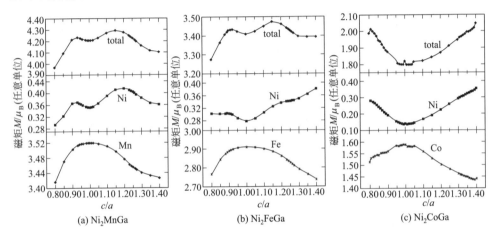

图 2.10　Ni$_2$XGa 合金的总磁矩和原子磁矩随四方畸变度 c/a 比的变化

在 Ni$_2$FeGa 合金中（$X=$Fe），如图 2.10(b）所示，总磁矩随四方畸变度 c/a 比呈波浪形变化；与 Ni$_2$MnGa 中的呈波浪形变化的 Ni 原子磁矩不同，Ni$_2$FeGa 合金中的 Ni 原子磁矩呈抛物线状变化，只在 $c/a=1.00$ 处有一个最低点；Fe 原子磁矩的变化与 Ni$_2$MnGa 合金中的 Mn 原子变化趋势相似，在 $c/a=$ 1.00 处达到最大值后单调降低。在 Ni$_2$CoGa 合金中（$X=$Co），如图 2.10(c）所示，总磁矩的变化与 Ni 原子的磁矩变化均呈抛物线状，不同于 Ni$_2$MnGa 的波浪形变化。通过图 2.10 可以有效预测在四方畸变中合金的磁性变化。图 2.11 给出 Ni$_2$XIn（$X=$Mn，Fe，Co）合金相的总磁矩和原子磁矩随四方畸变度（c/a 比）的变化，其变化趋势与 Ni$_2$XGa 系时颇为相似。

综上所述，通过第一性原理计算研究用 Fe 或 Co 取代 Mn，或（和）用 In 取代 Ga 对合金晶体结构、相稳定性、磁性能和电子结构发现：用 Fe 或 Co 取代 Mn，合金的平衡晶格常数减小，并且随着 X 原子序数的增加，晶格常数逐渐减小，而体积模量呈相反的变化趋势；用 In 取代 Ga，合金的平衡晶格常数增大，

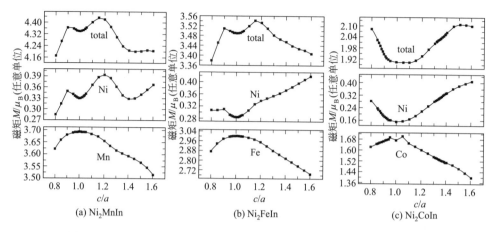

图 2.11　$Ni_2X In$ 合金的总磁矩和原子磁矩随四方畸变度 c/a 比的变化

体积模量减小；用 Fe 或 Co 代替 Mn，用 In 代替 Ga，均会导致奥氏体母相的热稳定性降低；用 Fe 或 Co 取代 Mn 导致合金的磁性减弱。随着 X 原子序数的增加，自旋向上的电子态密度基本不变，而自旋向下的部分逐渐增加，自旋向上与向下的电子数之差减小决定总磁矩随之减小。费米面之下的分波态密度由 Ni 和 X 原子的 3d 态杂化成键决定，而费米面之上则由 X 原子的 3d 态自旋向下部分主导。Ni_2MnGa 合金中价电子成键分布于相邻 Ni 原子之间，而 Ni_2FeGa、Ni_2CoGa 以及 $Ni_2X In$ 合金系的价电子均聚集在 Ni 和 X 原子之间成键。并且，随着 X 原子序数的增加，键强度逐渐增强。Ni_2XGa 合金总能量随四方畸变度（c/a 比）的变化中均存在两个能量局部极小值点，而 $Ni_2X In$ 合金系中的 Ni_2MnIn 和 Ni_2FeIn 合金仅在 $c/a=1.00$ 有一处最小值点。合金总磁矩随着 c/a 比的变化主要由 Ni 原子磁矩的变化主导。

　　Ni-Fe-Ga 和 Ni-Co-Ga 的合金优点之一是可以通过析出第二相 γ 相来改善合金脆性。计算结果表明，用 Fe 或 Co 取代 Mn 会造成合金立方母相稳定性的降低，这可能与 γ 相容易析出有关。然而大量析出 γ 相会导致合金的形状记忆效应受损。如何在少量的 γ 相析出改善脆性以及优良的磁致形状记忆效应之间达到最优化的性能，实验上需要通过大量反复的摸索，这将耗费大量的人力物力。通过对 Ni-Fe-Ga 和 Ni-Co-Ga 合金的第二相 γ 相和磁致应变的模拟计算，可以有效地预测具有最优性能的合金成分范围，最终达到成分设计并指导实验的目的。

　　Ni-Fe-Ga、Ni-Co-Ga、Ni-Mn-In 等合金系已具有非常好的发展前景。另外本章预测，如果用 Fe（或 Co）取代 Mn，同时用 In 取代 Ga 而形成 Ni-Fe-In 和 Ni-Co-In 合金应同时改善 Ni-Mn-Ga 合金的高脆性和激励输出应力低的缺点，但是至目前为止尚未见到关于 Ni-Fe-In 和 Ni-Co-In 合金的实验报道。希望可以通过实验进行验证，并开启新的研究方向。

2.4 Ni₂MnGa 合金调制马氏体的结构参数、相稳定性和磁性能

2.4.1 Ni₂MnGa 合金的结构参数优化

7M 马氏体是包含有 10 个亚晶胞的非公度超结构，因此本书中为了方便计算结果的比较，各相均采用 80 个原子的超级胞进行计算（10 个亚晶胞），如图 2.12 所示。需要指出的是在 80 个原子的超级胞中分别有 10 个立方奥氏体单胞，2 个单斜 5M 马氏体单胞，1 个单斜 7M 马氏体单胞和 10 个四方 NM 马氏体单胞。另外，立方奥氏体和四方马氏体的坐标架设置是根据 5M 和 7M 马氏体的坐标架设定的。

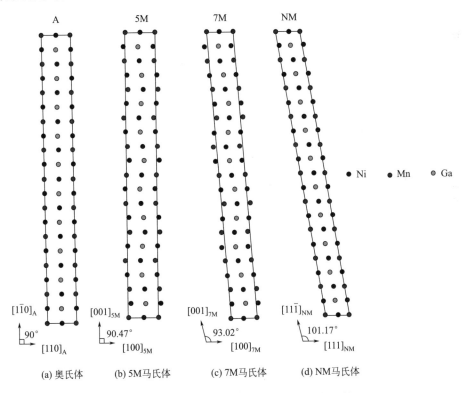

图 2.12 Ni₂MnGa 合金各相超级胞的晶体结构

采用实验中确定的 Ni₅₀Mn₂₈Ga₂₂（原子百分数 Ni 50%，Mn 28%，Ga 22%）和 Ni₅₀Mn₃₀Ga₂₀（原子百分数 Ni 50%，Mn 30%，Ga 20%）合金 5M 和 7M 马氏体的晶格常数和原子位置作为初始晶体结构的输入参数，我们计算了各相的形成能和原子磁矩。之后优化奥氏体、5M 马氏体、7M 马氏体及 NM 马氏体

的晶格常数和原子位置直至总能量的变化小于 1meV 并且受力的变化小于 0.02eV/Å。优化后的平衡晶格常数列于表 2.6 中。可以看出计算结果与实验结果相符合。

表 2.6 Ni₂MnGa 合金奥氏体（A）、5M 马氏体、
7M 马氏体和 NM 马氏体的空间群和晶格常数

结构	空间群	方法	a/Å	b/Å	c/Å	β/(°)
A	$Fm\bar{3}m$	实验值	5.78	—	—	—
			5.81	—	—	—
			5.823	—	—	—
		理论值	5.805			
5M	P2/m	实验值	4.2	5.5	21	91
			4.21	5.62	20.99	90.07
		理论值	4.234	5.499	20.975	90.48
7M	P2/m	实验值	4.222	5.507	42.67	93.3
			4.265	5.511	42.365	93.27
		理论值	4.250	5.468	42.062	93.02
NM	I4/mmm	实验值	3.852	—	6.580	—
		理论值	3.825	—	6.650	—

2.4.2 Ni₂MnGa 合金各相的相稳定性

为了研究 Ni₂MnGa 合金系中各相的稳定性，本节计算了 Ni₂MnGa 合金系各相（奥氏体、5M 马氏体、7M 马氏体及 NM 马氏体）的形成能。在此，我们考虑将 2 个 Ni 原子、1 个 Mn 原子和 1 个 Ga 原子作为 Ni₂MnGa 合金的一个计算单元。形成能的计算公式如下

$$E_f = E_{tot(Ni_2MnGa)} - 2E_{Ni} - E_{Mn} - E_{Ga} \tag{2.2}$$

式中，$E_{tot(Ni_2MnGa)}$ 为 Ni₂MnGa 合金单元立方母相奥氏体原胞的基态总能量；E_{Ni}、E_{Mn} 和 E_{Ga} 分别是纯金属 Ni、Mn 和 Ga 的单个原子的基态能量。Ni、Mn 和 Ga 对应的基态晶体结构分别为面心立方晶系、体心立方晶系和正交晶系的晶体结构。

奥氏体、5M 马氏体、7M 马氏体和 NM 马氏体的形成能计算结果列于图2.13 中。可以看出各相的形成能均为负值，这意味着所有相均可以在某种条件下稳定存在。NM 马氏体的形成能最低，因此与奥氏体和调制马氏体相比，非调制马氏体是最稳定的，这与实验观察结果相符。

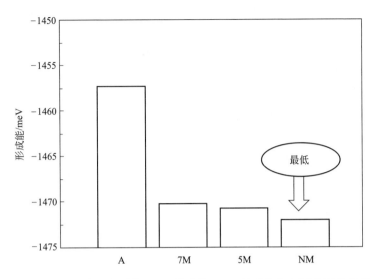

图 2.13 Ni$_2$MnGa 合金奥氏体、5M 马氏体、7M 马氏体和 NM 马氏体的形成能

2.4.3 Ni$_2$MnGa 合金各相的磁性能及其变化

为了探究奥氏体、5M 马氏体、7M 马氏体和 NM 马氏体的原子磁矩及其变化，我们计算了各组成原子在上述各相中的原子磁矩如表 2.7 所示。由于 Ga 原子仅携带很小的原子磁矩（仅约为 $-0.06\mu_B$）因此在接下来的讨论中不考虑它的贡献。可以看出，Mn 原子的磁矩最大，Ni 原子的磁矩大约为 Mn 原子磁矩的十分之一。另外，在奥氏体和 NM 马氏体中，各组成原子在不同位置的磁矩均为定值，而在两种调制结构马氏体中原子磁矩随着原子位置的变化而变化。为了更好地量化各原子磁矩相对于其平均值的变化，采用公式 2.3 计算原子磁矩相应的变化率

$$原子磁矩变化率 = \frac{M_{actual} - M_{average}}{M_{average}} \times 100\% \qquad (2.3)$$

式中，M_{actual} 为实际的原子磁矩，$M_{average}$ 为所考虑原子的平均磁矩。

表 2.7 Ni$_2$MnGa 合金不同超级胞的原子磁矩及其变化率

类型	Ni 原子磁矩 /μ_B	Ni 原子磁矩 变化率/%	Mn 原子磁矩/μ_B	Mn 原子磁矩 变化率/%	Ga 原子磁矩 /μ_B
A	0.361	0	3.523	0	-0.057
5M	0.368~0.392	-3.9~$+2.3$	3.485~3.492	-0.1~$+0.1$	-0.063~-0.057
7M	0.362~0.409	-6.3~$+5.8$	3.465~3.489	-0.4~$+0.3$	-0.065~-0.058
NM	0.406	0	3.456	0	-0.066

从表 2.7 还可以看出，7M 马氏体中 Ni 原子磁矩的变化率比 Mn 原子磁矩的变化率大很多：相对于平均磁矩来说 7M 马氏体中 Ni 原子磁矩的变化率为 $-6.3\%\sim+5.8\%$，而 Mn 原子磁矩的变化率为 $-0.4\%\sim+0.3\%$。5M 马氏体中也存在类似的情况，只是 5M 马氏体中 Ni 原子和 Mn 原子的磁矩变化率相对于 7M 马氏体来说要小。此外，当结构转变从奥氏体到调制结构马氏体再到非调制结构马氏体的过程中，Ni 原子的磁矩增加，而 Mn 原子的磁矩减小。因此分析调制结构马氏体中 Ni 原子和 Mn 原子的磁矩在超级胞中沿 c 轴的分布是非常有趣的，如图 2.14 和图 2.15 所示。可以看出，两种调制结构马氏体中的 Ni 原子和 Mn 原子磁矩分布沿 c 轴规则的振荡，可以用下面的正弦函数来拟合 [公式 (2.4)]。

$$M_X = \sum_{i=1}^{2} \alpha_i \sin\left(\beta_i \frac{2\pi x}{c} + \gamma_i\right) + M_0 \tag{2.4}$$

式中，M_X 代表 X 原子（$X=$Ni，Mn）的磁矩；α_i、β_i、γ_i 和 M_0 是拟合系数；x 是拟合里的一个变量。事实上，α_i 代表原子磁矩振荡分布的振幅，β_i 正比于角频率，γ_i 代表初相，M_0 代表平均磁矩。拟合结果如表 2.8 所示。相应的拟合曲线如图 2.14(a)、(b) 和图 2.15(a)、(b) 所示。单位 Ni$_2$MnGa 的总磁矩沿 c 轴的分布进一步由 $M_{\mathrm{Ni_2MnGa}}=2M_{\mathrm{Ni}}+M_{\mathrm{Mn}}$ 计算而得（忽略 Ga 原子磁矩），如图 2.14(c) 和图 2.15(c) 所示。

表 2.8　Ni$_2$MnGa 合金 7M（$c=42.06$Å）和 5M（$c=41.95$Å）马氏体的正弦函数中
α_i、β_i、γ_i 和 M_0 的拟合值

类型	X	α_1/μ_B	β_1	γ_1	α_2/μ_B	β_2	γ_2	M_0/μ_B
7M	Mn	0.00641	2.56542	-3.34731	0	0	0	3.48021
	Ni	0.01512	3.04185	-1.69817	0	0	0	0.38634
5M	Mn	0.00334	8.00833	-1.59698	0	0	0	3.48873
	Ni	-0.01015	8.00215	1.56403	-0.00485	3.98379	1.62173	0.38300

图 2.14 可以看出 7M 马氏体的 Ni 原子磁矩沿 c 轴的分布与 Mn 原子磁矩沿 c 轴的分布截然不同。它们展现出不同的振荡模式并且 Ni 原子的振荡幅度要高于 Mn 原子的振荡幅度。因此，单位 Ni$_2$MnGa 的总磁矩分布在振荡周期和振荡幅度上与 Ni 原子的振荡周期和振荡幅度非常接近，这意味着单位 Ni$_2$MnGa 的总磁矩取决于 Ni 原子磁矩而不是 Mn 原子磁矩。巧合的是，5M 马氏体的 Ni 原子和 Mn 原子的磁矩分布依然不同，如图 2.15 所示。类似于 7M 马氏体，单位 Ni$_2$MnGa 的总磁矩分布取决于 Ni 原子的磁矩。事实上，原子磁矩的振荡依赖于原子结构。调制马氏体的超结构使调制马氏体中 Ni-Mn 原子间的距离不同，改变了 Ni 原子与 Mn 原子 3d 轨道电子的交互作用，导致 Ni 原子与 Mn 原子的磁

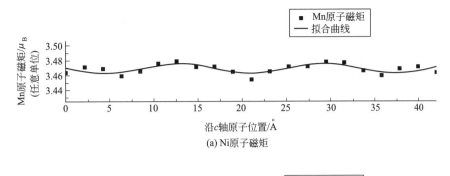

(a) Ni原子磁矩

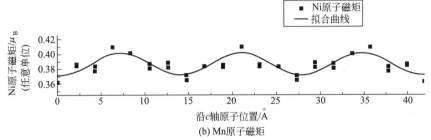

(b) Mn原子磁矩

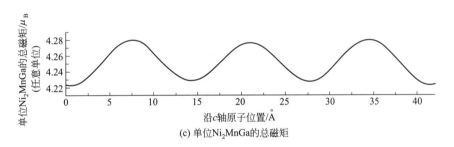

(c) 单位Ni$_2$MnGa的总磁矩

图 2.14　Ni$_2$MnGa 合金 7M 马氏体中 Ni 原子磁矩、Mn 原子磁矩以及单位 Ni$_2$MnGa 的
总磁矩沿 c 轴的分布

矩振荡，并最终影响到单位 Ni$_2$MnGa 合金的总磁矩。

　　为了探究从立方奥氏体到单斜马氏体再到四方马氏体的结构变化过程中单位 Ni$_2$MnGa 的总磁矩变化，我们又计算了调制马氏体中单位 Ni$_2$MnGa 的总磁矩的平均值。计算结果及奥氏体和马氏体的单位 Ni$_2$MnGa 的总磁矩如图 2.16 和图 2.17 所示。可以看出当晶体结构从立方结构奥氏体到四方结构马氏体转变的过程中，单位 Ni$_2$MnGa 的总磁矩增加。与之前所计算的各相形成能相比较，发现形成能大小顺序与原子磁矩大小顺序恰好相反，这意味着相越稳定，原子磁矩越大。

　　为了探究调制结构马氏体总磁矩的大小沿超级胞 c 轴分布变化的原因，我们分别绘制了 7M 马氏体和 5M 马氏体中 Ni-Mn 原子间距离沿 c 轴的分布图，如图 2.18 所示。

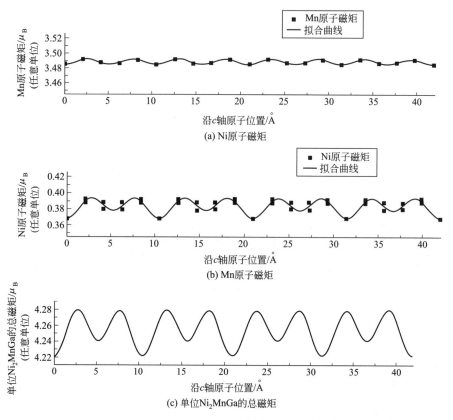

图 2.15　Ni_2MnGa 合金 5M 马氏体中 Ni 原子磁矩、Mn 原子磁矩以及单位 Ni_2MnGa 的
总磁矩沿 c 轴的分布

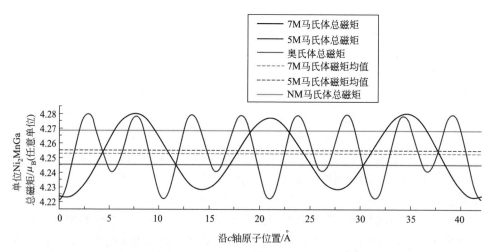

图 2.16　Ni_2MnGa 合金奥氏体、7M 马氏体、5M 马氏体和 NM 马氏体的总磁矩沿 c 轴分布

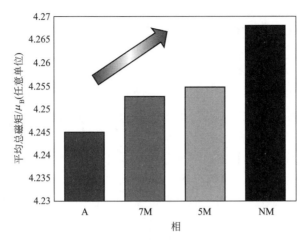

图 2.17　Ni$_2$MnGa 合金奥氏体、7M 马氏体、5M 马氏体和
NM 马氏体的平均总磁矩

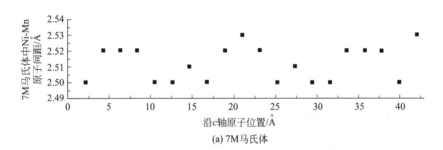

(a) 7M马氏体

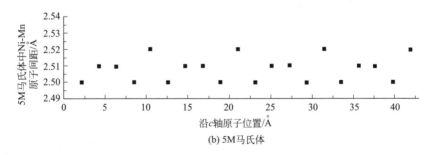

(b) 5M马氏体

图 2.18　Ni$_2$MnGa 合金两种马氏体中 Ni-Mn 原子间距离沿 c 轴的分布

　　与图 2.14 和图 2.15 相比较，可以看出原子磁矩与 Ni-Mn 原子间距离有一定相关性：7M 马氏体中 Ni 原子磁矩的分布情况与 Ni-Mn 原子间距离沿 c 轴的分布情况相似，而在 5M 马氏体中 Ni 原子磁矩的分布情况与 Ni-Mn 原子间距离沿 c 轴的分布情况相反，即 Ni-Mn 原子间距离越小对应的 Ni 原子磁矩越大。

2.4.4　Ni₂MnGa 合金各相的态密度及其差分电荷密度

为了探究 Ni₂MnGa 合金磁性能的微观本质，本节在前述平衡晶格常数和优化的各参数基础上采用带有布洛赫修正的四面体方法计算了奥氏体相、7M 马氏体相、5M 马氏体相以及 NM 马氏体相的总自旋态密度，如图 2.19 所示。对比图 2.19(a)~(d) 可以看出，每个态密度图均包含三个区域：低价带区、高价带区和导带区。低价带区的自旋向上部分和自旋向下部分几乎是对称的，因此这个区域对合金磁性的贡献几乎为零。从 −6eV~−2eV 的高价带区的自旋向上和自旋向下的总态密度也基本相同。因此态密度的变化主要集中在费米面附近。合金的总磁矩是由自旋向上和自旋向下的总电子数之差所决定的。从奥氏体到马氏体的结构变化中，费米面处的自旋向上部分几乎不变，而自旋向下电子态密度逐渐减小。奥氏体中费米面位于自旋向下态密度的波峰处，电子密度较大。而马氏体中，费米面位于自旋向下态密度的波谷处，电子密度较小。因此，从奥氏体到马氏体转变的过程中自旋向上部分几乎不变，而自旋向下部分的电子数逐渐减小，

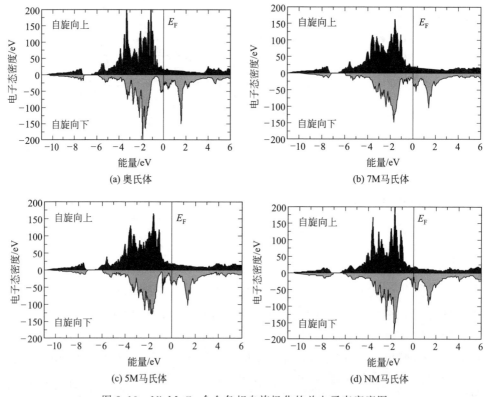

图 2.19　Ni₂MnGa 合金各相自旋极化的总电子态密度图

导致自旋向上和向下两部分的电子数之差增大，即合金的总磁矩增大。这就是 Ni$_2$MnGa 合金从奥氏体相到 NM 马氏体相的合金磁性增强的原因。

　　综上所述，Ni$_2$MnGa 合金各相的形成能计算结果显示相稳定性从低到高的变化顺序是：奥氏体—调制马氏体—非调制马氏体。由于调制马氏体的超结构使调制马氏体中 Ni-Mn 原子间的距离不同，改变了 Ni 原子和 Mn 原子间 3d 轨道电子的交互作用，使得 Ni 原子的磁矩沿超级胞的 c 轴振荡分布，并最终影响到单位 Ni$_2$MnGa 的总磁矩沿超级胞的 c 轴振荡分布。因此，单位 Ni$_2$MnGa 总磁矩沿超级胞 c 轴的振荡分布取决于 Ni 原子的磁矩；从奥氏体到马氏体转变的过程中，费米面处自旋向上部分几乎不变，而自旋向下部分的电子数逐渐减小，导致自旋向上和向下两部分的电子数之差增大，使得合金磁性增强。因此单位 Ni$_2$MnGa 合金的总磁矩随着从奥氏体到调制马氏体再到非调制马氏体的变化过程增加。

第3章

Ni-*X*-*Y*（*X*=Mn，Fe，Co；*Y*=Ga，In）合金缺陷
形成能和缺陷磁结构

3.1　引言

　　通常情况下，化学计量比 Ni_2XY（$X=Mn$，Fe，Co；$Y=Ga$，In）的马氏体转变温度低于室温，对实际应用不利。磁致形状记忆合金的马氏体转变温度对合金成分非常敏感，因此人们期望可以通过成分调整达到提高马氏体转变温度的目的。除化学成分外，母相的原子有序度也对磁致形状记忆合金的马氏体相变温度有很大的影响。Kreissl 等[22]研究发现 Ni_2MnGa 合金中 Mn 和 Ga 的无序占位能够将马氏体相变温度降低大约 100K。Tsuchiya 等[23]和 Besseghini 等[24]研究证实通过适当的退火处理获得高度有序的 $L2_1$ 结构可以使马氏体相变温度范围变窄。由此可见，适当的热处理工艺对获得稳定的高性能磁致形状记忆合金具有重要的作用。

　　引入缺陷为调整合金化学成分的手段之一，例如富余组分的过量原子占据贫乏组分的空缺阵点（反位缺陷）或者某阵点上的原子缺失（空位缺陷）。因此，系统地研究不同类型的点缺陷对合金马氏体转变温度的影响，这对深入理解合金性能对成分和原子有序度的依赖性是至关重要的。此外，仅少量文献提及近化学计量比 Ni_2MnGa 合金中的原子有序度及原子优先占位情况。$Ni_2Mn_{1+x}Ga_{1-x}$ 合金系中过量的 Mn 原子直接占据 Ga 原子的亚晶格；正常的原子占位普遍存在于大多数的非化学计量比的 Ni_2MnGa 合金中[85]。而对于其它实验上热门的合金系，包括 Ni-Fe-Ga、Ni-Co-Ga、Ni-Mn-In 等，尚未见对其原子优先占位情况的研究。

3.2 计算方法

基本的计算方法同 2.2 节。估算缺陷形成能的公式如下

$$\Delta H_f = \Delta E + n_{Ni} \mu_{Ni} + n_X \mu_X + n_Y \mu_Y \tag{3.1}$$

$$\Delta E_f = E_{def} - E_{id} + n_{Ni} \mu_{Ni}^0 + n_X \mu_X^0 + n_Y \mu_Y^0 \tag{3.2}$$

ΔH_f 和 ΔE_f 分别为缺陷形成焓和缺陷形成能；E_{def} 和 E_{id} 分别为带有缺陷的单胞和理想单胞的总能量；n_i 是从理想单胞中移入或移出的原子 i 的数目；μ_i^0 是相应纯元素的化学势；而 μ_i 是相应元素在 Ni_2XY 合金中的化学势，对应于一个原子从 Ni_2XY 合金中移入或移出对应的能量变化，这在固相基态的计算中可以忽略。

图 3.1(a) 为 Ni_2XY（X = Mn，Fe，Co；Y = Ga，In）L2$_1$ 结构立方母相的几何构型，空间群 $Fm\bar{3}m$，No.225。Ni 原子占据 8c 位置：（0.25，0.25，0.25）和（0.75，0.75，0.75）；X 原子占据 4a 位置：（0，0，0）；Y 原子占据 4b 位置：（0.5，0.5，0.5）。为了研究缺陷单胞中的磁性能，本章在立方结构中截取了一个矩形：选取（0，0，0）为原点，X 原子位于（0，0，0）和（0.5，0.5，0），Ga 原子位于（0，0，0.5）和（0.5，0.5，0.5），Ni 原子位于面心（0.25，0.25，0.25），定义为磁性特征矩形，如图 3.1(b) 所示。本章用这个磁性特征矩形来描述不同类型点缺陷以及点缺陷周围原子的磁矩。

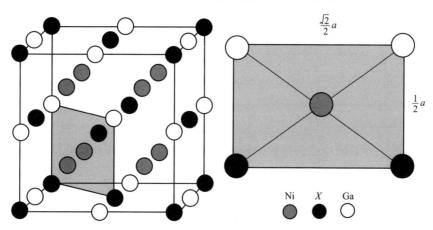

(a) Ni$_2$*XY*(*X*=Mn,Fe,Co;*Y*=Ga,In)
合金L2$_1$结构立方母相几何构型

(b) 用于分析磁性能的在(110)面上
截取的磁性特征矩形

图 3.1 Ni_2XY（X = Mn，Fe，Co；Y = Ga，In）合金
L2$_1$ 结构立方母相的几何构型和用于分析磁性能的
在（110）面上截取的磁性特征矩形

3.3 计算结果与分析

3.3.1 Ni-X-Y 合金的缺陷形成能

3.3.1.1 Ni-X-Ga 合金的点缺陷形成能

为了调整马氏体转变温度 T_m 和居里温度 T_C 适合于实际应用就必须进行成分调整。在成分调整的过程中会产生各种各样的点缺陷，比如一种组元的过量原子占据贫乏组元的位置（反位缺陷），相邻原子之间的置换（置换缺陷）及某阵点上的原子缺失（空位缺陷）。计算缺陷形成能的目标是估计点缺陷在母相中的热稳定性。

在 2.3.1 节中计算所得到的平衡晶格常数的基础上，向 Ni_2XGa（$X=Mn$，Fe，Co）母相的理想单胞中引入不同类型的点缺陷，所研究的点缺陷类型包括反位缺陷（一种类型的原子占据了另一种原子的格点）、置换缺陷（相邻的不同种类原子交换位置）和空位缺陷（某晶格格点上原子缺失）三种，缺陷浓度均为 6.25%。计算出的缺陷形成能结果示于表 3.1。此外，本节也模拟了缺陷浓度为 1.6% 的情况，观察到了同样的趋势。因此，本节在保证精度的同时选用节约计算资源（缺陷浓度为 6.25%）的算法。

表 3.1 Ni-X-Ga（$X=Mn$，Fe 和 Co）合金系母相的点缺陷形成能 ΔE_f eV

点缺陷类型	置换			反位						空位		
	X-Ga	Ni-X	Ni-Ga	Ni_X	X_{Ni}	Ni_{Ga}	Ga_{Ni}	X_{Ga}	Ga_X	V_{Ni}	V_X	V_{Ga}
Ni-Mn-Ga	0.59	1.15	1.48	0.27	0.63	1.23	0.80	1.05	−0.24	0.93	1.17	2.55
Ni-Fe-Ga	0.54	−0.10	1.32	−0.18	−0.01	0.99	0.76	1.35	−0.67	0.81	0.72	2.23
Ni-Co-Ga	0.22	−0.35	1.03	−0.48	0.06	1.16	0.25	1.37	−1.06	0.75	0.33	2.24

正的缺陷形成能意味着这种缺陷使立方母相的结构处于亚稳状态，因此，这种材料具有强烈的向马氏体转变的趋势，相应的马氏体转变温度会升高，这是实际应用中所期望达到的效果。负的缺陷形成能表示着这种类型的点缺陷可以稳定存在于母相立方结构中，并降低系统的总能，因此将会使马氏体转变温度降低，这不利于磁致形状记忆合金的实际应用。

在三种类型的点缺陷中，反位缺陷和空位缺陷可以达到调整合金成分的效果，因此在后续的分析中着重讨论这两种类型点缺陷的形成能。

从表 3.1 可以看出，在 Ni-X-Ga 合金系的点缺陷中，空位缺陷的形成能普遍偏高。空位缺陷中最高的形成能为 Ga 空位点缺陷，这就肯定了 Ga 原子对于稳定母相起着决定性的作用。

反位缺陷中，Ga 对于 X 亚晶格的反位缺陷（Ga_X）的形成能最低；Ni 对于 X 亚晶格的反位缺陷（Ni_X）形成能次之。这两种点缺陷最容易在合金合成过程中形成于母相中。

在所有的反位缺陷中，Ni_{Ga} 和 X_{Ga} 的缺陷形成能最高。通常情况下，从实验得出，Ni 或 Mn 富余、Ga 贫乏的 Ni-Mn-Ga 合金成分相对于化学计量比 Ni_2MnGa 来说具有较高的马氏体转变温度。过量的 Ni 和/或 Mn、少量的 Ga，是 Ni-Mn-Ga 合金常见的成分设计，也会导致形成大量的 Ni_{Ga} 和 X_{Ga} 反位点缺陷。因此，当合金中大量形成这两种点缺陷（Ni_{Ga} 和 X_{Ga}）时，会导致奥氏体相不稳定，因此它们有强烈的转变成稳定马氏体的倾向，所以会提高马氏体转变温度。

另外两种反位缺陷 Ga_{Ni} 和 X_{Ni} 的形成能介于前两种情况之间，Ga_{Ni} 的缺陷形成能稍高，而 X_{Ni} 的缺陷形成能接近 0，即 X_{Ni} 点缺陷的形成对系统总能影响不大。

除此之外，某些置换缺陷的形成也是能量上占优的，可以稳定奥氏体母相，例如，在 Ni_2FeGa 与 Ni_2CoGa 合金中 Ni 与 X 的置换。

3.3.1.2 Ni-X-In 合金的点缺陷形成能

在 2.3.1 节中计算所得到的平衡晶格常数的基础上，向 Ni_2XIn（$X=Mn$，Fe，Co）母相的理想单胞中引入不同类型的点缺陷，缺陷浓度为 6.25%。计算出的缺陷形成能结果示于表 3.2。

从表 3.2 可以看出，在 Ni-X-In 合金系的点缺陷中，In 对于 X 亚晶格的反位缺陷（In_X）和 Ni 对于 X 亚晶格的反位缺陷（Ni_X）的形成能最低，意味着这两种点缺陷最容易在合金合成过程中形成于母相中。

通常情况下，Mn 富余 In 贫乏的合金因其具有较适宜的马氏体转变温度和居里温度以及磁场可驱的可逆马氏体转变，而成为实验上常用的 Ni-Mn-In 合金成分设计。过量的 Mn，少量的 In 必将导致合金中形成大量的 Mn_{In} 反位点缺陷。从表 3.2 可以看出，Mn_{In} 反位缺陷具有相对低的形成能。

表 3.2 Ni-X-In（$X=Mn$，Fe，Co）合金系母相的点缺陷形成能 ΔE_f　　eV

点缺陷类型	置换			反位						空位		
	X-In	Ni-X	Ni-In	Ni_X	X_{Ni}	Ni_{In}	In_{Ni}	X_{In}	In_X	V_{Ni}	V_X	V_{In}
Ni-Mn-In	0.36	0.90	1.29	0.40	1.07	0.64	1.53	0.07	0.41	0.59	1.51	1.77
Ni-Fe-In	0.39	0.10	1.14	−0.13	0.15	0.39	1.46	0.49	−0.26	0.53	0.95	1.19
Ni-Co-In	0.21	−0.26	0.74	−0.51	0.18	0.32	1.05	0.58	−0.54	0.29	0.55	0.73

此外，在所有的反位缺陷中，In_{Ni} 缺陷形成能最高，这可能是 In 的原子半径与 Ni 的原子半径相比过大，从而造成晶格严重畸变所致。另外两种反位缺陷 X_{Ni} 和 Ni_{In} 的形成能适中。

由表 3.2 还可以看出，最低的空位缺陷形成能出现在 Ni 空位处，而最高的空位缺陷形成能出现在 In 空位处，这表明 In 原子的缺失将导致母相结构失稳，这就肯定了 In 原子对于稳定母相起着决定性的作用。除此之外，某些置换缺陷的形成也是能量上占优的，可以降低奥氏体母相的总能，稳定奥氏体。例如，Ni_2CoIn 合金中相邻 Ni 与 X 原子的置换。

3.3.2　Ni-X-Y 合金中形成缺陷的优先占位

在非化学计量比的 Ni_2MnGa 的磁致形状记忆合金中，原子的长程有序度十分重要，因为它既影响马氏体转变温度也影响居里温度[110]。另外，原子占位信息对于马氏体的调制结构也是非常重要的[111]。在本章所研究的大多数情况中，富余组分的过量原子将会占据贫乏组分的位置，这被称为正常的原子占位。但是也不能排除其他的可能性。在表 3.1 和表 3.2 中，应注意 Ga_X 或 In_X 反位形成能均为负值。这意味着调整合金成分时，在保持结构不变的情况下，这类点缺陷优先形成以减小系统的总能量。由此可以得出结论：在 Y（Y＝Ga 或 In）富余 X（X＝Mn，Fe，Co）贫乏的 Ni_2XY 合金中，多余的 Y 原子直接占据 X 的亚晶格位置形成正常的原子占位。

然而，在 Y（Y＝Ga 或 In）富余，Ni 贫乏的 Ni-X-Y 合金中，Y 对于 Ni 的反位缺陷有两种形成方式（直接和间接）。直接的方式是过量的 Y 原子直接占据 Ni 原子的亚晶格。然而，Y_{Ni} 点缺陷的形成能非常高（从表 3.1 的 Ga_{Ni} 和表 3.2 的 In_{Ni} 可以看出）。间接的方式是过量的 Y 原子占据 X 的阵点（表 3.1 的 Ga_X 或表 3.2 的 In_X），X 原子移动到 Ni 的空位上（X_{Ni}），最终将形成缺陷对（$Y_X +X_{Ni}$）（X＝Mn 或 Fe 或 Co，Y＝Ga 或 In）。从能量的角度考虑，缺陷对的形成能量上占优。例如，在 Ni_2MnGa 的化合物中，如果不考虑缺陷之间的相互作用，（$Ga_{Mn}+Mn_{Ni}$）的反位缺陷对的形成能是 $-0.24+0.63=0.39$（eV），这仅是 Ga_{Ni} 点缺陷形成能的一半（0.80eV，如表 3.1 所示）。因此，在 Y（Y＝Ga 或 In）富余 Ni 贫乏的合金中，间接占位方式更为普遍。

综上所述，对于非化学计量比的 Ni_2XY（X＝Mn，Fe，Co；Y＝Ga，In）合金，大多数情况下，过量的原子将直接占据贫乏原子的位置，除了 Y 富余 Ni 贫乏的情况：过量的 Y 原子倾向于占据 X 原子的位置，而 X 原子则移向空余的 Ni 亚晶格位置。

3.3.3　Ni-X-Y 合金的磁结构

3.3.3.1　Ni-X-Ga（X=Mn，Fe，Co）合金系

Ni-Mn-Ga 合金中不同类型的反位缺陷的原子磁矩和相应的磁矩变化率示于表 3.3。通过下列公式计算原子磁矩变化率

$$原子磁矩变化率 = \frac{M_{\mathrm{Ni}/X(\text{defective})} - M_{\mathrm{Ni}/X(\text{ideal})}}{M_{\mathrm{Ni}/X(\text{ideal})}} \times 100\% \tag{3.3}$$

Ga 原子仅携带很小的原子磁矩，因此在接下来的讨论中不考虑它的贡献。从表 3.3 可以看出，将一个反位缺陷引入理想晶体时，Ni 的原子磁矩变化率比 Mn 的原子磁矩变化率要大得多。因此，本节主要考虑 Ni 原子的磁矩变化。在化学计量比 Ni₂MnGa 的合金中，Ni 的原子磁矩与 Mn 的原子磁矩分别为 0.36 μ_B 和 3.52 μ_B。当一个 Ni 原子占据 Ga 的原子位置时，即创造了一个 $\mathrm{Ni_{Ga}}$ 反位缺陷。8 个正常位置上的 Ni 原子磁矩变化处于 0.40～0.43 μ_B 范围中。与化学计量比 Ni₂MnGa 的 Ni 原子磁矩相比，其变化率增加了 11%～19%。而过量的 Ni 原子（占单胞体心位置）携带的原子磁矩很小，只有 0.11 μ_B，相当于正常 Ni 原子磁矩的 1/3。结构松弛之后，带有一个 $\mathrm{Ni_{Ga}}$ 反位缺陷的单胞体积为 193.39Å³，与 Ni₂MnGa（195.64Å³）的体积相比减小了 1.15%。单胞中的原子位置也发生了改变：过量的 Ni 原子与正常 Ni 原子的位置不变，Mn 和 Ga 原子都向单胞中心移动，使得单胞体积减小。从计算结果来看，当一个 Ga 原子被 Ni 原子取代后，正常位置上的 Ni 与最近邻的 Mn 的间距为 2.47～2.48Å，而不是

表 3.3　Ni-Mn-Ga 合金中带有不同反位缺陷单胞中的原子磁矩以及相应的变化率

项目	Ni 原子磁矩 /μ_B		Ni 原子磁矩变化率 /%		Mn 原子磁矩 /μ_B		Mn 原子磁矩变化率 /%	
化学当量比 Ni₂MnGa	0.36				3.52			
$\mathrm{Ni_{Ga}}$	$\mathrm{Ni_{Ni}}$ 0.40～0.43	$\mathrm{Ni_{Ga}}$ 0.11	$\mathrm{Ni_{Ni}}$ +11～+19	$\mathrm{Ni_{Ga}}$ −69	3.46～3.54		−2～+1	
$\mathrm{Ga_{Ni}}$	0.29～0.34		−19～−5		3.49～3.52		−1～0	
$\mathrm{Ni_{Mn}}$	$\mathrm{Ni_{Ni}}$ 0.31～0.34	$\mathrm{Ni_{Mn}}$ 0.22	$\mathrm{Ni_{Ni}}$ −14～−6	$\mathrm{Ni_{Mn}}$ −39	3.54～3.58		+1～+2	
$\mathrm{Mn_{Ni}}$	0.24～0.35		−33～−3		$\mathrm{Mn_{Mn}}$ 3.43～3.44	$\mathrm{Mn_{Ni}}$ −3.05	$\mathrm{Mn_{Mn}}$ −3～−2	$\mathrm{Mn_{Ni}}$ +1
$\mathrm{Mn_{Ga}}$	0.46～0.49		+28～+36		$\mathrm{Mn_{Mn}}$ 3.52～3.58	$\mathrm{Mn_{Ga}}$ 3.67	$\mathrm{Mn_{Mn}}$ 0～+2	$\mathrm{Mn_{Ga}}$ +4
$\mathrm{Ga_{Mn}}$	0.26		−28		3.53～3.58		0～+2	

Ni_2MnGa 中的 2.49Å。距离变小增强了 Ni 与 Mn3d 轨道电子之间的相互作用，因此，正常占位的 Ni 原子磁矩增加。相反，过量 Ni 原子与最近邻的 Mn 的间距是 2.86Å，远远大于 2.49Å，使得过量 Ni 原子与 Mn 原子 3d 轨道电子之间的相互作用削弱。这就是过量 Ni 原子磁矩大大减小的原因。

对于 Ga_{Ni} 这种情况，一个 Ga 原子反位在 Ni 的阵点上，Ni 原子磁矩的范围是 $0.29\sim0.34\,\mu_B$，小于 Ni_2MnGa 的情况（$0.36\,\mu_B$），相应的变化率为 $-5\%\sim-19\%$。在贫 Ni 合金中，Ni 原子与最近邻的 Mn 原子的间距由 2.49Å 增加到 2.51Å，导致 Ni 原子与 Mn 原子 3d 轨道电子之间的相互作用削弱，因此这种情况下的 Ni 原子磁矩减小。

因此，向理想 Ni_2MnGa 单胞引入点缺陷的过程中，Ni 原子磁矩的变化比 X 的原子磁矩变化大得多。Ni 原子磁矩主要取决于 Ni 原子和最近邻 Mn 原子之间的距离：距离越小，Ni 和 Mn 原子的 3d 轨道电子的交互作用越强，Ni 的原子磁矩越大；距离越大，Ni 和 Mn 原子的 3d 轨道电子的交互作用被削弱，Ni 的原子磁矩越小。

在 Ni-Mn-Ga 合金中，最有趣的现象发生在 Mn 富余（Mn_{Ni} 和 Mn_{Ga}）的情况下，过量的 Mn 原子磁矩完全不同。在 Mn_{Ni} 反位缺陷中，过量的 Mn 原子磁矩是 $-3.05\,\mu_B$，而在 Mn_{Ga} 反位缺陷中则为 $3.67\,\mu_B$。这个差异主要取决于过量的 Mn 原子与其最近邻的正常占位 Mn 原子的间距。在 Mn_{Ni} 反位缺陷中，此间距为 2.52Å；而在 Mn_{Ga} 这种情况下 Mn-Mn 间距为 2.91Å。因此，过量 Mn 原子的磁矩平行或反平行于正常占位的 Mn 原子磁矩，主要取决于它们之间的距离。当最近邻 Mn 原子之间的距离小于某一临界值的时候，退磁效应将使得过量 Mn 原子的磁矩反平行于正常 Mn 的原子磁矩以达到一个磁平衡状态。

为了进一步研究过量 Mn 原子反位缺陷的电荷分布，等值面为 $0.035e/Å^3$ 的电荷密度分布图示于图 3.2。从图 3.2 可以清楚地看到当过量 Mn 原子占据 Ni 的位置时，大多数的自由电子集聚在过量 Mn 原子周围。但是当过量的 Mn 原子占据 Ga 的位置时，电荷规则分布，与 Ni_2MnGa 的情况相似，所有电荷像桥梁一样聚集在相邻 Ni 原子之间，见 2.3.4。

对于 Ni-Fe-Ga 和 Ni-Co-Ga 合金，引入反位缺陷对单胞中远离此缺陷的原子磁矩的影响基本上与 Ni-Mn-Ga 合金一致。这里主要关注点缺陷及其周围原子的磁矩变化，并用位于（110）面上的磁性特征矩形的表示，如图 3.3 和图 3.4 所示。

当 Mn 原子在 Ni-Mn-Ga 合金中占不同位置时，原子磁矩不同：当 Mn 原子分别占据 Mn，Ni 和 Ga 的亚点阵晶格时，Mn_{Mn}，Mn_{Ni} 和 Mn_{Ga} 中 Mn 的原子磁矩分别为 $3.52\,\mu_B$，$-3.05\,\mu_B$ 和 $3.67\,\mu_B$（表 3.3）。而在 Ni-Fe-Ga 合金中，

Fe$_{Fe}$，Fe$_{Ni}$和Fe$_{Ga}$中 Fe 的原子磁矩分别为 2.91 μ_B，2.20 μ_B 和 2.96 μ_B；对 Ni-Co-Ga 合金，Co$_{Co}$，Co$_{Ni}$和Co$_{Ga}$中 Co 的原子磁矩分别为 1.59 μ_B，1.50 μ_B 和 1.81 μ_B。分别如图 3.3（a）、（d）、（e）和图 3.4（a）、（d）、（e）所示。显然，对于所有的情况，最近邻的 Fe 或 Co 的原子磁矩定向平行于彼此，就像铁磁区域中一样。另外，当 *X*（*X*＝Fe，Co）原子占据 Ga 原子的亚晶格时，形成 *X*$_{Ga}$反位缺陷，过量的 *X* 原子的原子磁矩大于正常占位的 *X* 原子磁矩。这可能是因为铁磁性的 *X* 原子替代了非磁性的 Ga 原子，从而增强了过量的 *X* 原子与周围 8 个 Ni 原子的 3d 轨道电子之间的相互作用所致。

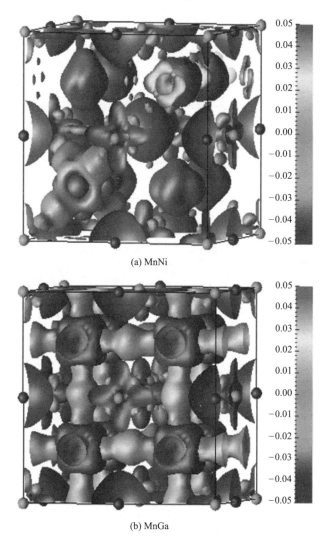

(a) MnNi

(b) MnGa

图 3.2　Ni-Mn-Ga 中 Mn 富余反位缺陷的电荷密度等值面图（0.035e/Å³）

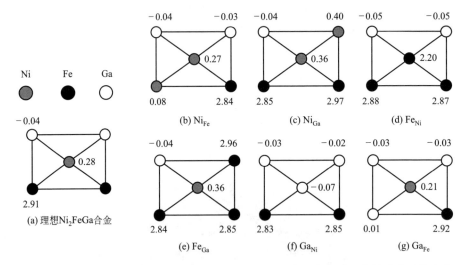

图 3.3 在（110）面上的磁特征矩形中表示 Ni-Fe-Ga 合金中各种反位缺陷的磁性变化

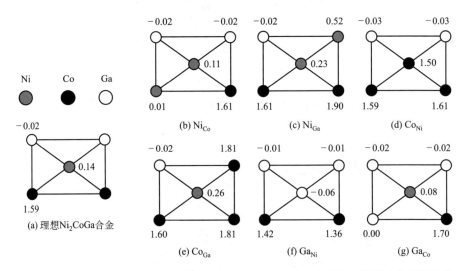

图 3.4 在（110）面上的磁特征矩形中表示 Ni-Co-Ga 合金中各种反位缺陷的磁性变化

在 Ni-Mn-Ga 合金中，当 Ni 原子分别占据 Ni、Mn 和 Ga 的亚点阵位置时，原子磁矩分别为 $0.36\mu_B$，$0.22\mu_B$ 和 $0.11\mu_B$（见表 3.3）。当过量的 Ni 原子占据其它元素的亚晶格时，原子磁矩总会减小。与 Ni-Mn-Ga 合金相比，Ni-Fe-Ga 和 Ni-Co-Ga 的情况不同：当 Ni 分别占据 Ni、X 和 Ga 的亚晶格位置时，对 Ni-Fe-Ga，Ni 原子的原子磁矩分别为 $0.28\mu_B$、$0.08\mu_B$ 和 $0.40\mu_B$；对于 Ni-Co-Ga 来说，Ni 原子的原子磁矩分别为 $0.14\mu_B$、$0.01\mu_B$ 和 $0.52\mu_B$，如图 3.3 (a)～(c)，图 3.4(a)～(c) 所示。当 Ni 原子占据 X（X＝Fe, Co）的位置时，

过量 Ni 原子的原子磁矩接近于 0；然而，当 Ni 原子占据 Ga 的位置时，它的原子磁矩会比正常值要大得多。

在 Ga 的反位缺陷中，Ga_{Ni} 和 Ga_X，如图 3.3 （f）、（g）和图 3.4 （f）、（g）所示，过量的 Ga 原子的原子磁矩几乎全部为 0，而且这些缺陷类型对周围的 Ni 和 *X* 原子几乎没有影响。

3.3.3.2　Ni-*X*-In （*X*＝Mn，Fe，Co）合金系

Ni-Mn-In 合金中不同类型的反位缺陷的原子磁矩和相应的磁矩变化率示于表 3.4。在 Ni-Mn-In 合金中，In 原子仅携带很小的原子磁矩，因此在接下来的讨论中不考虑它的贡献。在化学计量比 Ni_2MnIn 合金中，Ni 的原子磁矩与 Mn 的原子磁矩分别为 $0.33\mu_B$ 和 $3.67\mu_B$。当一个 Ni 原子占据 In 的原子位置时，即形成了一个 Ni_{In} 反位缺陷。8 个正常位置上的 Ni 原子磁矩变化处于 $0.38\sim$ $0.41\mu_B$ 范围中。与化学计量比 Ni_2MnIn 的 Ni 原子磁矩相比，其变化率增加了 $15\%\sim24\%$。而过量的 Ni 原子（占单胞体心位置）携带的原子磁矩很小，只有 $0.28\mu_B$，变化率为 -15%。结构松弛之后，带有一个 Ni_{In} 反位缺陷的单胞体积为 $211.90Å^3$，与 Ni_2MnIn（$219.85Å^3$）的体积相比减小了 3.62%。单胞中的原子位置也发生了改变：正常位置上的 Ni 原子均向单胞中心（过量 Ni 原子位置处）移动，使得单胞体积减小。从计算结果来看，当一个 In 原子被 Ni 原子取代后，正常位置上的 Ni 与最近邻的 Mn 的间距为 $2.55Å$，而不是 Ni_2MnIn 中的 $2.61Å$。距离变小增强了 Ni 与 Mn3d 轨道电子之间的相互作用，因此，正常占位的 Ni 原子磁矩增加。相反地，过量 Ni 原子与最近邻的 Mn 的间距是 $2.98Å$，

表 3.4　Ni-Mn-In 合金中带有不同反位缺陷单胞中的原子磁矩以及相应的变化率

项目	Ni 原子磁矩 /μ_B		Ni 原子磁矩变化率 /%		Mn 原子磁矩 /μ_B		Mn 原子磁矩变化率 /%	
化学当量比 Ni_2MnIn	0.33				3.67			
Ni_{In}	Ni_{Ni} 0.38～0.41	Ni_{In} 0.28	Ni_{Ni} +15～+24	Ni_{In} -15	3.58～3.74		-2～+2	
In_{Ni}	0.26～0.33		-21～0		3.66～3.69		0～+1	
Ni_{Mn}	Ni_{Ni} 0.29～0.31	Ni_{Mn} 0.19	Ni_{Ni} -12～-6	Ni_{Mn} -42	3.68～3.72		0～+1	
Mn_{Ni}	0.26～0.41		-21～+24		Mn_{Mn} 3.55～3.60	Mn_{Ni} 0.98	Mn_{Mn} -3～-2	Mn_{Ni} -73
Mn_{In}	0.45～0.47		+36～+42		Mn_{Mn} 3.59～3.84	Mn_{In} 3.62	Mn_{Mn} -2～+5	Mn_{In} -1
In_{Mn}	0.23		-30		3.70～3.71		+1	

远远大于 2.61Å，使得过量 Ni 原子与 Mn 原子 3d 轨道电子之间的相互作用削弱。这就是过量 Ni 原子磁矩减小的原因。

对于 In_{Ni} 这种情况，一个 In 原子反位在 Ni 的阵点上，Ni 原子磁矩的范围是 $0.26 \sim 0.33 \mu_B$，小于等于 Ni_2MnIn 的情况（$0.33 \mu_B$），相应的变化率为 $-21\% \sim 0\%$。在贫 Ni 合金中，Ni 原子与最近邻的 Mn 原子的间距由 2.61Å 增加到 2.63Å，导致 Ni 原子与 Mn 原子 3d 轨道电子之间的相互作用削弱，因此这种情况下的 Ni 原子磁矩减小。

因此，向理想 Ni_2MnIn 单胞引入点缺陷的过程中，Ni 原子磁矩的变化比 X 的原子磁矩变化大得多。Ni 原子磁矩主要取决于 Ni 原子和最近邻 Mn 原子之间的距离：距离越小，Ni 和 Mn 原子的 3d 轨道电子的交互作用越强，Ni 的原子磁矩越大；距离越大，Ni 和 Mn 原子的 3d 轨道电子的交互作用被削弱，Ni 的原子磁矩越小。

在 Ni-Mn-In 合金中，最有趣的现象发生在 Mn 富余（Mn_{Ni} 和 Mn_{In}）的情况下，过量的 Mn 原子磁矩完全不同。在 Mn_{Ni} 反位缺陷中，过量的 Mn 原子磁矩是 $0.98 \mu_B$，而在 Mn_{In} 反位缺陷中则为 $3.62 \mu_B$。

为了阐明过量的 Mn 原子磁矩的差异，电荷密度等值面图（$0.03e/Å^3$）示于图 3.5。从图 3.5(a) 可以清晰地看到当过量 Mn 占据 Ni 的亚晶格格点时，大多数的自由电子集聚在过量 Mn 原子周围，而图 3.5(b) 所示的过量 Mn 占据 In 的亚晶格格点时，电荷规则分布于 Ni 和 Mn 原子之间。

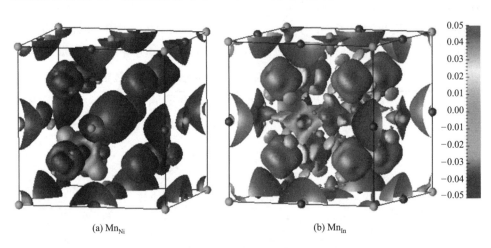

(a) Mn_{Ni}　　　　　　　　　　(b) Mn_{In}

图 3.5　Ni-Mn-In 中 Mn 富余反位缺陷的
电荷密度等值面图（$0.03e/Å^3$）

对于 Ni-Fe-In 和 Ni-Co-In 合金来说，引入反位缺陷对单胞中远离此缺陷的原子磁矩的影响基本上与 Ni-Mn-Ga 合金一致。这里主要关注点缺陷和其周围原子的原子磁矩变化，并用位于（110）面上的磁性特征矩形表示，如图 3.6 和图 3.7 所示。

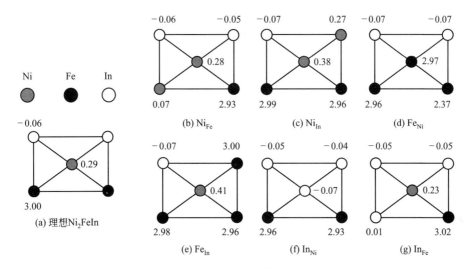

图 3.6　在（110）面上的磁特征矩形中表示 Ni-Fe-In 合金中
各种反位缺陷的磁性变化

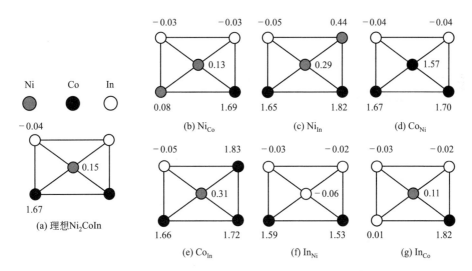

图 3.7　在（110）面上的磁特征矩形中表示 Ni-Co-In 合金中
各种反位缺陷的磁性变化

当 Mn 原子在 Ni-Mn-In 合金中占不同位置时，原子磁矩不同：当 Mn 原子分别占据 Mn、Ni 和 Ga 的亚点阵晶格时，Mn_{Mn}、Mn_{Ni} 和 Mn_{Ga} 中 Mn 的原子磁矩分别为 $3.67\mu_B$、$0.98\mu_B$ 和 $3.62\mu_B$（如表 3.4 所示）。在 Ni-Fe-In 合金中，

Fe_{Fe}、Fe_{Ni} 和 Fe_{In} 中 Fe 的原子磁矩分别为 $3.00\,\mu_B$、$2.97\,\mu_B$ 和 $3.00\,\mu_B$；对 Ni-Co-Ga 合金，Co_{Co}、Co_{Ni} 和 Co_{In} 中 Co 的原子磁矩分别为 $1.68\,\mu_B$、$1.57\,\mu_B$ 和 $1.83\,\mu_B$。分别如图 3.6(a)、(d)、(e) 和图 3.7(a)、(d)、(e) 所示。显然，对于所有的情况，最近邻的 Fe 或 Co 的原子磁矩定向平行于彼此，就像在铁磁区域中一样。另外，当 X（$X=$Fe，Co）原子占据 In 原子的亚晶格阵点时，形成 X_{In} 反位缺陷，过量的 X 原子的原子磁矩大于 X_{Ni} 反位缺陷中的过量 X 原子的磁矩。这可能是因为铁磁性的 X 原子替代了非磁性的 In 原子，从而增强了过量的 X 原子与周围 8 个 Ni 原子的 3d 轨道电子之间的相互作用所致。

在 Ni-Mn-In 合金中，当 Ni 原子分别占据 Ni、Mn 和 In 的亚晶格阵点位置时，原子磁矩分别为 $0.33\,\mu_B$、$0.19\,\mu_B$ 和 $0.28\,\mu_B$（见表 3.4）。当过量的 Ni 原子占据其它元素的亚晶格时，原子磁矩总会减小。与 Ni-Mn-In 合金相比，Ni-Fe-In 和 Ni-Co-In 的情况不同：当 Ni 分别占据 Ni、X 和 In 的亚晶格位置时，对 Ni-Fe-Ga，Ni 原子的原子磁矩分别为 $0.29\,\mu_B$、$0.07\,\mu_B$ 和 $0.27\,\mu_B$；对于 Ni-Co-Ga 来说，Ni 原子的原子磁矩分别为 $0.15\,\mu_B$、$0.08\,\mu_B$ 和 $0.44\,\mu_B$，如图 3.6(a)～(c)、图 3.7(a)～(c) 所示。当 Ni 原子占据 X（$X=$Fe，Co）的位置时，过量 Ni 原子的原子磁矩接近于 0。

在 In 的反位缺陷中，In_{Ni} 和 In_X，如图 3.6(f)、(g) 和图 3.7(f)、(g) 所示，过量的 In 原子磁矩几乎全部为 0，而且这些缺陷类型对周围的 Ni 和 X 原子几乎没影响。

综上所述，使用第一原理计算的方法，平衡晶体结构的基础上引入各种类型的点缺陷，系统地分析 Ni-X-Y（$X=$Mn，Fe，Co；$Y=$Ga，In）合金系的点缺陷形成能、缺陷中原子优先占位和点缺陷附近的磁结构后发现：对 Ni-X-Y（$X=$Mn，Fe，Co；$Y=$Ga，In）磁致形状记忆合金，反位缺陷中，Y 和 Ni 在 X 亚晶格的反位缺陷（Y_X 和 Ni_X）的形成能最低，Ni 和 X 反位于 Y 的亚晶格（Ni_Y 和 X_Y）得到较高的形成能。因此，Y 原子可以稳定立方母相的结构，而 X 原子对母相结构稳定性的影响则相反；空位缺陷中最高的形成能出现在 Y 空位缺陷，再次肯定了 Y 原子对稳定母相结构的作用。除此之外，某些置换缺陷的形成也是能量上占优的，可以稳定奥氏体母相，例如，在 Ni_2FeGa 与 Ni_2CoY（$Y=$Ga，In）合金中 Ni 与 X 原子的置换；对于非化学计量比 Ni_2XY，大多数情况下，过量的原子将直接占据贫乏原子的位置，除 Y 富余 Ni 贫乏的情况：过量的 Y 原子占据 X 原子的位置，X 原子则移向空余的 Ni 亚晶格位置；向理想 Ni_2XY 单胞引入反位点缺陷的过程中，Ni 原子磁矩的变化比 X 的原子磁矩变化大得多。Ni 原子磁矩主要取决于 Ni 原子和 X 原子之间的距离：距离越小，Ni 和 X 原子的 3d 轨道电子的交互作用越强，Ni 的原子磁矩越大；距离越大，Ni 和 X 原子的 3d 轨道电子的交互作用被削弱，Ni 的原子磁矩越小。在 Ni-X-Ga

合金系中，对于 Mn 过量的 Ni-Mn-Ga 合金，过量的 Mn 原子磁矩与正常占位的 Mn 原子磁矩呈平行还是反平行的关系，取决于相邻 Mn 原子的间距；而在 Ni-Fe-Ga 和 Ni-Co-Ga 合金中，过量的 Fe 或 Co 的原子磁矩均呈平行排列。在 NiX-In合金系中，无论 X 取何种元素，过量的 X 原子磁矩与正常占位的 X 原子磁矩均呈平行排列。

第4章

非化学计量比Ni-Mn-Ga合金
调制马氏体的相稳定性和磁性能

4.1 引言

    Ni-Mn-Ga 合金调制结构马氏体具有优良的磁致形状记忆效应，但调制马氏体是一种非稳定相，它将随温度的降低进一步转变成具有非调制结构的稳定马氏体相。研究表明合金成分与合金的相稳定性之间有密切关系，因此人们希望通过调整合金成分的方法在成分区间宽泛的 Ni-Mn-Ga 合金中获得稳定的调制结构马氏体以提高其应用范围。

    除了在成分区间宽泛的 Ni-Mn-Ga 合金中获得稳定的调制结构马氏体之外，合理的马氏体转变温度也非常重要，人们希望稳定调制结构马氏体的相变温度在室温以上。研究表明 Ni-Mn-Ga 合金的马氏体转变温度对合金成分的变化非常敏感，它随着 e/a 比的增加而升高。通常情况下，化学当量比 Ni_2MnGa 合金的马氏体转变温度远低于室温，只有 220K，非常不利于实际应用。因此人们希望通过调整合金成分的方法在成分区间宽泛的 Ni-Mn-Ga 合金中获得稳定的调制结构马氏体的同时提高马氏体转变温度。

    在成分区间宽泛的 Ni-Mn-Ga 合金中获得稳定且合理马氏体转变温度的方法可以采用实验和模拟两种方式进行探索。惯常采用的尝试性实验存在研究周期长、成本高等不足。因此人们通过模拟计算的方法计算不同成分的 Ni-Mn-Ga 合金。近来，Hu 等人计算了非化学当量比 Ni-Mn-Ga 合金奥氏体中富余原子的不同占位情况及其相应的自由能等。其中对比不同占位情况的自由能计算结果发现 $Ni_{2+x}Mn_{1-x}Ga$、$Ni_{2+x}MnGa_{1-x}$ 和 $Ni_2Mn_{1+x}Ga_{1-x}$ 合金奥氏体的富余组成原子倾向于直接占据贫乏组成原子的位置，但并没有对奥氏体中富余组成原子间的优先占位方式以及马氏体能量的计算。并且对非化学当量比 $Ni_{2+x}Mn_{1-x}Ga$、$Ni_{2+x}MnGa_{1-x}$ 和 $Ni_2Mn_{1+x}Ga_{1-x}$ 合金奥氏体的富余组成原子间的优先占位方式以及调制马氏体相的计算鲜见报道。

同时，对于 Ni-Mn-Ga 铁磁形状记忆合金而言，磁性能无疑是非常重要的性能。而实验中测量原子的磁矩是非常困难的。并且由于 7M 马氏体的长周期调幅结构的复杂性，它的结构很长时间都没有被解出来，阻碍了其理论方面的研究。2006 年，Righi 等人精确地解析出了调制结构马氏体的晶体结构，使我们可以尝试通过第一原理计算这样一种既有效又经济的方法来探究合金成分调整对调制马氏体原子磁矩分布变化的影响。

本章采用第一原理计算的方法，进一步探索奥氏体中富余组成原子间的优先占位方式，系统地研究不同合金成分下 7M 马氏体的形成能，为了便于比较各相稳定性的差别，我们也计算了奥氏体和 NM 马氏体的形成能，最终预测出能够使 7M 马氏体作为稳定相并且马氏体转变温度满足实际应用要求的合金成分。同时我们还在 Ni-Mn-Ga 合金调制马氏体超结构稳定性研究的基础上系统地研究成分调整对 Ni-Mn-Ga 合金调制马氏体各组成原子磁矩分布的影响。为了比较各相磁性能的差别，我们又计算了不同合金成分的奥氏体和非调制马氏体的各组成原子磁矩。并且从电荷密度和电子态密度的角度分析了合金相稳定性和磁性能变化的本质原因。

4.2　计算方法

基本的计算方法同 2.2 节，从实际应用的角度出发，以 Ni_2MnGa 为原型，选取了三种典型的替代合金系列：$Ni_{2+x}Mn_{1-x}Ga$、$Ni_{2+x}MnGa_{1-x}$ 和 $Ni_2Mn_{1+x}Ga_{1-x}$（富余 Ni 原子占据贫乏 Mn 原子的位置、富余 Ni 原子占据贫乏 Ga 原子的位置以及富余 Mn 原子占据贫乏 Ga 原子的位置），即用高价电子数的元素取代低价电子数的元素（$Ni-3d^84s^2$、$Mn-3d^64s^1$ 以及 $Ga-4s^24p^1$）。选取电子浓度比（e/a）从 7.5～7.7 所对应的合金成分区间，每种替代类型的合金中相关元素的取代数目如表 4.1 所示。表 4.1 中，x 的取值间隔为 0.05。

表 4.1　相关元素的取代数目

掺杂类型	合金成分	掺杂范围
Ni 替代 Mn	$Ni_{2+x}Mn_{1-x}Ga$	$0.05 \leqslant x \leqslant 0.25$
Ni 替代 Ga	$Ni_{2+x}MnGa_{1-x}$	$0.05 \leqslant x \leqslant 0.10$
Mn 替代 Ga	$Ni_2Mn_{1+x}Ga_{1-x}$	$0.05 \leqslant x \leqslant 0.20$

4.3　计算结果与分析

4.3.1　Ni-Mn-Ga 合金超级胞中富余组成原子的优先占位

首先研究了 Ni-Mn-Ga 合金奥氏体相超级胞中富余组成原子的优先占位方

式，并以形成能的高低来评估富余组成原子间的优先占位。

在 Ni_2MnGa 合金奥氏体相 80 个原子的超级胞中分别选取一个富余 Ni 原子占据贫乏 Mn 原子的位置、一个富余 Ni 原子占据贫乏 Ga 原子位置以及一个富余 Mn 原子占据贫乏 Ga 原子位置，即对应的合金成分分别为 $Ni_{2.05}Mn_{0.95}Ga$、$Ni_{2.05}MnGa_{0.95}$ 和 $Ni_2Mn_{1.05}Ga_{0.95}$。以奥氏体超级胞中一个富余 Mn 原子占据贫乏 Ga 原子的位置（$Ni_2Mn_{1.05}Ga_{0.95}$）为例，图 4.1 给出一个富余组成原子在超级胞中的占位示意图。根据上述原子的占位方式计算 $Ni_{2.05}Mn_{0.95}Ga$、$Ni_{2.05}MnGa_{0.95}$ 和 $Ni_2Mn_{1.05}Ga_{0.95}$ 合金奥氏体超级胞的单位形成能，结果如图 4.2 所示。可以看出非化学当量比 Ni-Mn-Ga 合金每种替代方式奥氏体的形成能都高于化学当量比 Ni_2MnGa 合金奥氏体的形成能，这意味着对于每一替代方式所代表的合金成分而言奥氏体中富余组成原子（富余 Ni 原子或富余 Mn 原子）之间占位倾向于彼此远离。

● Mn   ○ Ga   ● Mn$_{Ga}$

图 4.1 $Ni_2Mn_{1.05}Ga_{0.95}$ 合金奥氏体的 80 个原子的超级胞中 1 个富余 Mn 原子占据贫乏 Ga 原子位置的占位示意图

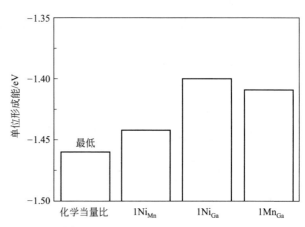

图 4.2 Ni_2MnGa、$Ni_{2.05}Mn_{0.95}Ga$、$Ni_{2.05}MnGa_{0.95}$ 和 $Ni_2Mn_{1.05}Ga_{0.95}$ 合金奥氏体的单位形成能

其次，在 Ni_2MnGa 合金奥氏体相 80 个原子的超级胞中分别选取两个富余 Ni 原子占据贫乏 Mn 原子的位置、两个富余 Ni 原子占据贫乏 Ga 原子的位置以

及两个富余 Mn 原子占据贫乏 Ga 原子的位置，对应的合金成分分别为 $Ni_{2.10}$ $Mn_{0.90}Ga$、$Ni_{2.10}MnGa_{0.90}$ 和 $Ni_2Mn_{1.10}Ga_{0.90}$。富余组成原子间的占位存在两种方式：富余 Ni 原子（或 Mn 原子）占据平行于 c 轴的同一平面的原子位置或者不平行于 c 轴的不同平面的原子位置。以两个富余 Mn 原子占据贫乏 Ga 原子位置（$Ni_2Mn_{1.10}Ga_{0.90}$）为例，第一种占位方式：两个富余 Mn 原子占据（0.5，0，0.25）和（0.5，0，0.75）原子位置（标记为富余 Mn 原子占据同一平面）；第二种占位方式：两个富余 Mn 原子占据（0.5，0，0.25）和（0，0.5，0.7）原子位置（标记为富余 Mn 原子占据不同平面），如图 4.3 所示。

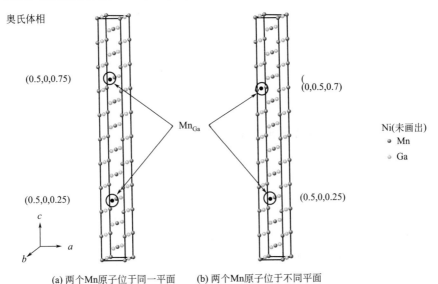

(a) 两个Mn原子位于同一平面　　(b) 两个Mn原子位于不同平面

图 4.3　$Ni_2Mn_{1.10}Ga_{0.90}$ 合金奥氏体的 80 个原子的超级胞中 2 个富余 Mn 原子占据贫乏 Ga 原子位置的占位示意图

本章分别计算了两种富余组成原子的占位方式，比较两种占位方式的总能量后最终确定奥氏体相富余组成原子间的优先占位方式，计算结果列于表 4.2 中。在奥氏体相中富余组成原子的占位方式确定之后，根据马氏体相变是无扩散相变理论，确定相变之后原子的占位方式不发生改变，即奥氏体原子占位确定后，马氏体的原子占位也随之确定。因此我们选择最有利的奥氏体的占位信息来计算 7M 马氏体和 NM 马氏体的原子占位。

表 4.2　Ni-Mn-Ga 合金奥氏体相的总能量　　　　eV

项目	总能量(同一平面)	总能量(不同平面)
Ni_2MnGa	−486.77311	
$Ni_{2.05}Mn_{0.95}Ga$	−482.90696	

项目	总能量(同一平面)	总能量(不同平面)
$Ni_{2.1}Mn_{0.9}Ga$	−479.07235	−479.07163
$Ni_{2.15}Mn_{0.85}Ga$	−475.23379	−475.23644
$Ni_{2.2}Mn_{0.8}Ga$	−471.41219	−471.42018
$Ni_{2.25}Mn_{0.75}Ga$	−467.59371	−467.57466
$Ni_{2.05}MnGa_{0.95}$	−488.09870	
$Ni_{2.1}MnGa_{0.9}$	−489.41282	−489.41463
$Ni_2Mn_{1.05}Ga_{0.95}$	−491.77722	
$Ni_2Mn_{1.1}Ga_{0.9}$	−496.86208	−496.86252
$Ni_2Mn_{1.15}Ga_{0.85}$	−501.87169	−501.87494
$Ni_2Mn_{1.2}Ga_{0.8}$	−506.84527	−506.86355

4.3.2 Ni-Mn-Ga 合金各相的相稳定性

计算非化学当量比 Ni-Mn-Ga 合金的形成能如公式(4.1)所示。选取 4 个原子作为 1 个 Ni-Mn-Ga 单元，因此在 80 个原子的超级胞中一共有 20 个 Ni-Mn-Ga 单元。$Ni_{2+x}Mn_{1-x}Ga$、$Ni_{2+x}MnGa_{1-x}$ 和 $Ni_2Mn_{1+x}Ga_{1-x}$ 分别代表富余 Ni 原子占据贫乏 Mn 原子、富余 Ni 原子占据贫乏 Ga 原子以及富余 Mn 原子占据贫乏 Ga 原子三种占位类型的 Ni-Mn-Ga 合金单元。

$$E_{form} = \frac{E_{tot} - N_{Ni}E_{Ni} - N_{Mn}E_{Mn} - N_{Ga}E_{Ga}}{20} \tag{4.1}$$

式中，E_{form} 表示 Ni-Mn-Ga 合金的单位形成能；E_{tot} 表示 Ni-Mn-Ga 合金 80 个原子超级胞的总能量；N_{Ni}、N_{Mn} 和 N_{Ga} 分别表示超级胞中 Ni、Mn 和 Ga 原子的数量；E_{Ni}、E_{Mn} 和 E_{Ga} 分别表示 Ni、Mn 和 Ga 在各自基态下单位原子的能量。

$Ni_{2+x}Mn_{1-x}Ga(0.05 \leqslant x \leqslant 0.25)$、$Ni_{2+x}MnGa_{1-x}$ $(0.05 \leqslant x \leqslant 0.10)$ 以及 $Ni_2Mn_{1+x}Ga_{1-x}(0.05 \leqslant x \leqslant 0.20)$ 合金中奥氏体、7M 马氏体和 NM 马氏体的形成能计算结果如图 4.4 所示。以化学当量比 Ni_2MnGa 合金各相的形成能作为参照，图中点线、短线和实线分别表示化学当量比 Ni_2MnGa 合金中奥氏体相、7M 马氏体相和 NM 马氏体相的单位形成能。可以看出，三种系列合金各相的形成能随替代原子数目的变化有一个共同特点：非化学当量比 Ni-Mn-Ga 合金三相（奥氏体、7M 马氏体和 NM 马氏体）的形成能均高于化学当量比 Ni_2MnGa 合金相应相的形成能，并且随着替代量 x 的增加形成能线性增大。这意味着与化学

当量比 Ni_2MnGa 合金相比，三种替代系列合金使得奥氏体相不稳定，将会进一步转变成为马氏体，这个趋势与实验观察的结果是一致的，即马氏体转变温度随着 e/a 比的增加而升高。

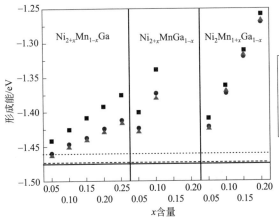

图 4.4　$Ni_{2+x}Mn_{1-x}Ga$、$Ni_{2+x}MnGa_{1-x}$ 和
$Ni_2Mn_{1+x}Ga_{1-x}$ 中奥氏体、7M 马氏体和 NM 马氏体的形成能

　　进一步观察三种替代系列合金中两种马氏体的稳定性发现它们的变化趋势并不是完全一致的。$Ni_{2+x}Mn_{1-x}Ga$ 和 $Ni_{2+x}MnGa_{1-x}$ 系列合金的基态是 NM 马氏体，这意味着 7M 马氏体是亚稳定状态，它有进一步向 NM 马氏体转变的趋势。但是对于 $Ni_2Mn_{1+x}Ga_{1-x}$ 系列合金，当替代量 x 增加到 0.10 时，即 80 个原子的超级胞中有 2 个富余 Mn 原子占据贫乏 Ga 原子的位置，基态不再是 NM 马氏体而是 7M 马氏体。2013 年，Li 等人[112]报道了当温度低至 120K 仍没有观察到 $Ni_2Mn_{1.2}Ga_{0.8}$ 合金中 7M 马氏体到 NM 马氏体的转变，且由于冷却能力的限制很难断定 7M 马氏体的稳定性。而通过当前的计算可以很清楚看出 7M 马氏体和 NM 马氏体稳定性的差别，可以推断富 Ni 合金 $[Ni_{2+x}Mn_{1-x}Ga(0.05{\leqslant}x{\leqslant}0.25)$ 和 $Ni_{2+x}MnGa_{1-x}(0.05{\leqslant}x{\leqslant}0.10)]$ 有利于得到相对稳定的 NM 马氏体，而适量的富 Mn 合金 $[Ni_2Mn_{1+x}Ga_{1-x}(0.10{\leqslant}x{\leqslant}0.20)]$ 有利于得到相对稳定的 7M 马氏体。这一结论对于合金的研制开发有很好的指导作用。

　　为了便于预测 e/a 比在 7.55～7.7 之间所对应合金成分的各相稳定性，通过已有的计算结果线性拟合出能够估算不同成分合金的奥氏体相、7M 马氏体相以及 NM 马氏体相形成能的经验公式(4.2)～公式(4.4)。通过这些公式可以估算出在 Ni-Mn-Ga 合金各组成原子的成分变化范围内各相形成能的变化，进而预测出对应成分合金的基态稳定相。各组成原子的成分变化范围：$X_{Ni}=50\%\sim56.25\%$、$X_{Mn}=18.75\%\sim30\%$ 和 $X_{Ga}=20\%\sim26.25\%$。

$$E_{\text{F-A}} = -0.00436\text{Ni} - 1.36517\text{Mn} - 5.36299\text{Ga} + 0.2244 \qquad (4.2)$$

$$E_{\text{F-7M}} = -0.17253\text{Ni} - 1.14175\text{Mn} - 5.20692\text{Ga} + 0.20100 \qquad (4.3)$$

$$E_{\text{F-NM}} = -0.17941\text{Ni} - 1.09285\text{Mn} - 5.24513\text{Ga} + 0.19988 \qquad (4.4)$$

为了更好地观察 Ni-Mn-Ga 合金中奥氏体相稳定性随着合金成分的变化，图 4.5 给出了通过第一原理计算得出的 Ni-Mn-Ga 合金奥氏体相的形成能图。

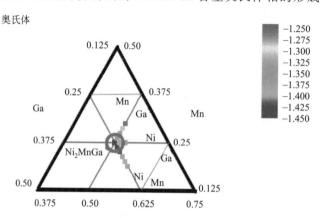

图 4.5　通过第一原理计算得出的 Ni-Mn-Ga 合金奥氏体相的形成能图

(作为参照，化学当量比 Ni$_2$MnGa 的奥氏体相的形成能在图中用圆圈作为标记)

图 4.6 给出了通过公式(4.2)进一步计算预测出的奥氏体相的形成能图。从图 4.5 和图 4.6 中可以看出与化学当量比 Ni$_2$MnGa 合金相比，三种非化学当量比 Ni-Mn-Ga 替代系列合金的奥氏体相不稳定，特别是对于富余 Ni 原子或富余 Mn 原子取代贫乏 Ga 原子的替代系列合金（Ni$_{2+x}$MnGa$_{1-x}$ 和 Ni$_2$Mn$_{1+x}$Ga$_{1-x}$）的奥氏体相更不稳定。因此这些合金的奥氏体相有强烈的转变成马氏体相的趋势，实验中马氏体转变温度随着合金 e/a 比的增加而升高也证实了这一推测。

为了便于观察 7M 马氏体与 NM 马氏体稳定存在的合金成分，图 4.7 给出了通过公式(4.3)和公式(4.4)计算出的马氏体的形成能图。图中灰色区域表示 NM 马氏体是最稳定相区，黑色区域表示 7M 马氏体是最稳定相区。其中 7M 马氏体稳定区域所对应的合金成分为 Ni$_2$Mn$_{1+x}$Ga$_{1-x}$（$0.10 \leqslant x \leqslant 0.20$）。比较图 4.6 和图 4.7 可以看出 7M 马氏体的稳定区域对应于高的奥氏体相形成能区域或者说是高的马氏体转变温度区域。因此 Ni$_2$Mn$_{1+x}$Ga$_{1-x}$（$0.10 \leqslant x \leqslant 0.20$）可以得到稳定存在的 7M 马氏体，实际应用中人们可以在比较宽泛的成分范围内选择。并且 Jiang 等人的研究测得 Mn 含量稍低于 Ni$_2$Mn$_{1.10}$Ga$_{0.90}$ 合金的马氏体转变温度为 10.7℃，Mn 含量稍高于 Ni$_2$Mn$_{1.10}$Ga$_{0.90}$ 合金的马氏体转变温度为 39.0℃，Mn 含量接近于 Ni$_2$Mn$_{1.15}$Ga$_{0.85}$ 合金的马氏体转变温度为 63.3℃，Mn 含量为 Ni$_2$Mn$_{1.20}$Ga$_{0.80}$ 合金的马氏体转变温度为 102.7℃。可以看出马氏体转变

奥氏体

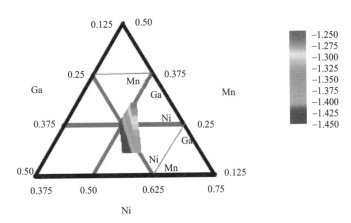

图 4.6　通过公式(4.2)计算得出的 Ni-Mn-Ga 合金奥氏体相的形成能图

温度随着 Mn 含量的增加而升高，实际应用中人们可以在成分区间宽泛的 $Ni_2Mn_{1+x}Ga_{1-x}$($0.10 \leqslant x \leqslant 0.20$) 合金中获得作为稳定相的 7M 马氏体，并且高 Mn 含量合金的马氏体转变温度能够满足实际应用的要求。

图 4.8 进一步证实了对于 $Ni_{2+x}Mn_{1-x}Ga$ 和 $Ni_{2+x}MnGa_{1-x}$ 系列合金，随着替代原子数目 x 的增加，即 e/a 比的增加，奥氏体与 7M 马氏体的形成能差增大。增大的能量差可以提供更大的转变驱动力进而当驱动力增大到一定值时直接从奥氏体相转变成基态马氏体相。即实验中观测到的对于 e/a 比大于 7.7 的合金，奥氏体没有转变成 7M 马氏体而是直接转变为 NM 马氏体。

马氏体

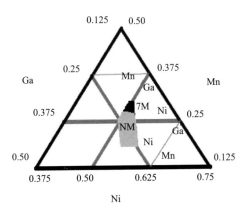

图 4.7　通过公式(4.3) 和公式(4.4) 计算得出的 Ni-Mn-Ga
合金马氏体相的形成能图

黑色区域表示 7M 马氏体为最稳定相区；灰色区域表示 NM 马氏体为最稳定相区

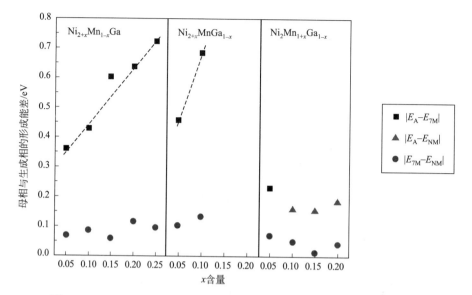

图 4.8　$Ni_{2+x}Mn_{1-x}Ga$、$Ni_{2+x}MnGa_{1-x}$ 和 $Ni_2Mn_{1+x}Ga_{1-x}$ 系列合金的
马氏体转变与中间马氏体转变中母相与生成相的形成能差

4.3.3　Ni-Mn-Ga 合金各相的结构参数

对于三种替代系列合金（$Ni_{2+x}Mn_{1-x}Ga$、$Ni_{2+x}MnGa_{1-x}$ 和 $Ni_2Mn_{1+x}Ga_{1-x}$）而言，既计算了富余组成原子（富余 Mn 原子或富余 Ni 原子）的磁矩方向平行排列于正常占位原子（Mn 原子或 Ni 原子）的磁矩方向呈铁磁态的情况，也计算了富余组成原子（富余 Mn 原子或富余 Ni 原子）的磁矩方向反平行排列于正常占位原子（Mn 原子或 Ni 原子）的磁矩方向呈亚铁磁态的情况。之后比较两种原子磁性相对应奥氏体相的总能量确定其最终磁性。

表 4.3 给出了三种替代系列合金（$Ni_{2+x}Mn_{1-x}Ga$、$Ni_{2+x}MnGa_{1-x}$ 和 $Ni_2Mn_{1+x}Ga_{1-x}$）中奥氏体、7M 马氏体和 NM 马氏体优化后的晶格常数和单位体积及其富余组成原子的磁性。可以看出 $Ni_2Mn_{1.20}Ga_{0.80}$ 合金中奥氏体相、7M 马氏体相和 NM 马氏体相的富余 Mn 原子磁矩方向均反平行于正常占位 Mn 原子的磁矩方向，而其它替代系列合金（$Ni_{2+x}Mn_{1-x}Ga$ 和 $Ni_{2+x}MnGa_{1-x}$）中富余 Ni 原子磁矩方向均平行于正常占位 Ni 原子的磁矩方向呈铁磁态。

此外，$Ni_{2+x}Mn_{1-x}Ga$ 和 $Ni_{2+x}MnGa_{1-x}$ 合金优化后晶胞的单位体积随着替代 Ni 原子数目的增加而减小；但是对于铁磁态和亚铁磁态 $Ni_2Mn_{1+x}Ga_{1-x}$ 合金而言，优化后晶胞的单位体积分别随着替代 Mn 原子数目的增加而增大。

分析发现两种因素对晶胞体积有重要的影响：一种是替代原子的半径大小，

晶胞体积随着替代原子半径的增加而增大（标记为原子尺寸因素）；另一种是合金的磁性，通常铁磁态合金的晶格常数比非铁磁态合金的晶格常数大（标记为合金磁性因素）。对于 Ni-Mn-Ga 合金而言，Ni、Mn 和 Ga 的原子半径分别为 1.25Å、1.27Å 和 1.41Å；化学当量比 Ni_2MnGa 合金奥氏体相中各组成原子 Ni、Mn 和 Ga 的磁矩分别为 $0.36\mu_B$、$3.52\mu_B$ 和 $-0.06\mu_B$。

表 4.3　Ni-Mn-Ga 合金优化后的晶格常数和单位体积

相	A		7M					NM		
	a/Å	V/Å³	a/Å	b/Å	c/Å	β/(°)	V/Å³	a/Å	c/Å	V/Å³
Ni_2MnGa	5.805	48.896	4.250	5.468	42.062	93.020	48.802	3.825	6.650	48.744
$Ni_{2+x}Mn_{1-x}Ga$										
（$x=0.05$）	5.797	48.706	4.242	5.472	41.990	93.258	48.650	3.808	6.684	48.574
（$x=0.10$）	5.793	48.607	4.246	5.450	41.979	93.162	48.498	3.827	6.611	48.465
（$x=0.15$）	5.787	48.463	4.260	5.419	41.989	93.516	48.374	3.821	6.605	48.320
（$x=0.20$）	5.781	48.300	4.249	5.421	41.908	93.294	48.176	3.820	6.596	48.172
（$x=0.25$）	5.776	48.174	4.243	5.421	41.881	93.293	48.082	3.811	6.600	48.020
$Ni_{2+x}MnGa_{1-x}$										
（$x=0.05$）	5.799	48.765	4.263	5.486	42.098	93.281	48.626	3.801	6.711	48.642
（$x=0.10$）	5.796	48.668	4.214	5.510	41.857	92.600	48.547	3.805	6.677	48.475
$Ni_2Mn_{1+x}Ga_{1-x}$										
（$x=0.05$）	5.809	48.997	4.243	5.486	42.034	92.936	48.863	3.832	6.641	48.854
（$x=0.10$）	**5.808**	**48.993**	4.252	5.484	42.113	93.433	49.020	3.860	6.568	49.033
（$x=0.15$）	**5.810**	**49.040**	4.246	5.505	42.117	93.187	49.153	3.875	6.526	49.103
（$x=0.20$）	**5.812**	**49.089**	**4.238**	**5.502**	**42.052**	**93.214**	**48.948**	**3.881**	**6.489**	**48.893**

注：加粗斜体字代表亚铁磁态合金的晶格常数和单位体积。

$Ni_{2+x}Mn_{1-x}Ga$ 系列合金是具有小原子半径和小原子磁矩的 Ni 原子取代大原子半径和大原子磁矩的 Mn 原子，两种因素（原子尺寸因素和合金磁性因素）互相加强，使得 $Ni_{2+x}Mn_{1-x}Ga$ 合金的晶胞体积随着替代 Ni 原子数目的增加而减小。

$Ni_{2+x}MnGa_{1-x}$ 和 $Ni_2Mn_{1+x}Ga_{1-x}$ 系列合金是具有小原子半径和大原子磁矩的 Ni 原子或 Mn 原子取代具有大原子半径和小原子磁矩的 Ga 原子，两种因素互相削弱。对于 $Ni_{2+x}MnGa_{1-x}$ 系列合金，虽然 Ni 原子的磁矩略大于 Ga 原子的磁矩，Ni 原子的半径却比 Ga 原子的半径小得多。原子尺寸因素对 $Ni_{2+x}MnGa_{1-x}$ 系列合金晶胞体积的变化起主导作用，因此富余 Ni 原子占据贫乏 Ga 原子位置的替代方式减小了晶胞的体积。

而对于 $Ni_2Mn_{1+x}Ga_{1-x}$ 系列合金，铁磁态和亚铁磁态的晶胞体积分别随着替代原子数目的增加而增大，Mn 原子是总磁矩的主要贡献者，且相对而言亚铁磁相合金的晶胞体积小于铁磁相合金的晶胞体积。可以推测磁性因素对

$Ni_2Mn_{1+x}Ga_{1-x}$ 系列合金晶胞体积的变化起主导作用。类似的现象还可以在 $Ni_{2+x}Mn_{1-x}Ga$ 系列合金中观察到，Ni 原子数目的增加弱化了合金的磁性导致优化后的晶胞体积减小。

4.3.4 Ni-Mn-Ga 合金各相的磁矩

$Ni_{2+x}Mn_{1-x}Ga$、$Ni_{2+x}MnGa_{1-x}$ 和 $Ni_2Mn_{1+x}Ga_{1-x}$ 三种替代系列合金中奥氏体、7M 马氏体和 NM 马氏体三相总磁矩随着替代原子数目的变化如图 4.9 所示。可以看出对于每个同一种替代系列合金，随着替代原子数目的增加，铁磁态合金中三相总磁矩的变化趋势几乎没有差别，亚磁态 $Ni_2Mn_{1+x}Ga_{1-x}$ 合金中

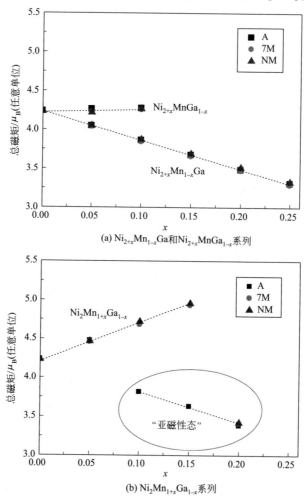

图 4.9 Ni-Mn-Ga 三种系列合金三相的总磁矩随替代原子数目的变化

三相总磁矩的变化趋势不同。对于不同种的替代系列合金，随着替代原子数目的增加，同种相总磁矩的变化趋势不同。$Ni_{2+x}Mn_{1-x}Ga$ 系列合金三相的总磁矩随着替代原子数目的增加而减小；铁磁态的 $Ni_2Mn_{1+x}Ga_{1-x}$ 系列合金的三相的总磁矩随着替代原子数目的增加而增大；亚铁磁态的 $Ni_2Mn_{1+x}Ga_{1-x}$ 系列合金奥氏体相的总磁矩随着替代原子数目的增加而减小；而 $Ni_{2+x}MnGa_{1-x}$ 系列合金三相的总磁矩随替代原子数目的增加变化非常小。

尽管 "x" 在以上三种不同替代系列合金（$Ni_{2+x}Mn_{1-x}Ga$、$Ni_{2+x}MnGa_{1-x}$ 和 $Ni_2Mn_{1+x}Ga_{1-x}$）中代表不同的替代原子，但是三种系列合金随着替代原子数目的增加总磁矩呈现相同的变化趋势：在铁磁态 $Ni_2Mn_{1+x}Ga_{1-x}$ 系列合金中，"x" 代表 Mn 原子数目增加 Ga 原子数目减少，三相的总磁矩随着 Mn 含量的增加而增大；在 $Ni_{2+x}MnGa_{1-x}$ 系列合金中，"x" 代表 Ni 原子数目增加 Ga 原子数目减少，三相的总磁矩随着 Mn 含量的不变而几乎没有变化；在 $Ni_{2+x}Mn_{1-x}Ga$ 系列合金中，"x" 代表 Ni 原子数目增加 Mn 原子数目减少，三相的总磁矩随着 Mn 含量的降低而减小；而在亚铁磁态 $Ni_2Mn_{1+x}Ga_{1-x}$ 系列合金中，"x" 代表 Mn 原子数目增加 Ga 原子数目减少，奥氏体相的总磁矩随着 Mn 含量的增加而减小。可以看出铁磁态系列合金中三相（奥氏体、7M 马氏体和 NM 马氏体）的总磁矩随着 Mn 含量的增加而增大，随着 Mn 含量的不变而几乎没有变化，随着 Mn 含量的降低而减小。此外，对于亚铁磁态 $Ni_2Mn_{1+x}Ga_{1-x}$ 系列合金而言，奥氏体相的总磁矩随着 Mn 含量的增加而减小，这与文献中报道的近化学当量比 Ni-Mn-Ga 合金的奥氏体相或 NM 马氏体相的总磁矩随着 Mn 含量的增加而减小相符。

为了进一步揭示随着 Ni-Mn-Ga 合金成分的变化各相（奥氏体、7M 马氏体和 NM 马氏体）组成原子的磁矩对总磁矩的贡献，我们计算了超级胞中各组成原子的平均磁矩。由于 Ni、Mn 和 Ga 三种原子中 Ga 原子的磁矩最小（大约 $-0.06\mu_B/atom$），因此本章中忽略 Ga 原子对总磁矩的贡献而只分析 Ni 原子和 Mn 原子的磁矩。

图 4.10 给出了 $Ni_{2+x}Mn_{1-x}Ga$、$Ni_{2+x}MnGa_{1-x}$ 和 $Ni_2Mn_{1+x}Ga_{1-x}$ 替代系列合金奥氏体、7M 马氏体和 NM 马氏体中 Ni 原子的平均磁矩随着替代原子数目的变化趋势图。可以看出三种替代系列合金中，奥氏体、7M 马氏体和 NM 马氏体的 Ni 原子磁矩的变化趋势与其对应的总磁矩的变化趋势（如图 4.9 所示）非常接近。铁磁态合金中奥氏体、7M 马氏体和 NM 马氏体的 Ni 原子磁矩随着 Mn 含量的增加而增大，随着 Mn 含量的不变而几乎没有变化，随着 Mn 含量的降低而减小。但是对于每一替代系列合金而言，Ni 原子磁矩在奥氏体、7M 马氏体和 NM 马氏体相中的变化趋势有所差别：奥氏体中的 Ni 原子磁矩最小，而 NM 马氏体中的 Ni 原子磁矩最大。与 Ni 原子磁矩随着替代原子数目增加的变化

趋势不同的是，总磁矩在不同相中随着替代原子数目增加的变化很小，如图 4.10 所示。

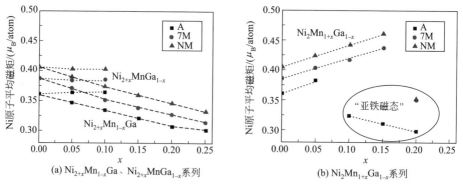

图 4.10　Ni-Mn-Ga 三种系列合金中 Ni 原子平均磁矩的变化

图 4.11 给出了 $Ni_{2+x}Mn_{1-x}Ga$、$Ni_{2+x}MnGa_{1-x}$ 和 $Ni_2Mn_{1+x}Ga_{1-x}$ 替代系列合金奥氏体、7M 马氏体和 NM 马氏体中的 Mn 原子的平均磁矩随着替代原子数目的变化趋势图。可以看出，铁磁态的 $Ni_2Mn_{1+x}Ga_{1-x}$ 系列合金中 Mn 原子的磁矩随着替代原子数目的增加而略微增大，而亚铁磁态 $Ni_2Mn_{1+x}Ga_{1-x}$ 合金中 Mn 原子的磁矩随着替代原子数目的增加而减小。对于 $Ni_{2+x}Mn_{1-x}Ga$ 和 $Ni_{2+x}MnGa_{1-x}$ 系列合金，随着替代原子数目的增加，奥氏体、7M 马氏体和 NM 马氏体中 Mn 原子的磁矩变化不明显。与各相中 Ni 原子磁矩的变化趋势（如图 4.10 所示）相反，奥氏体中的 Mn 原子磁矩最大，而 NM 马氏体中的 Mn 原子磁矩最小。

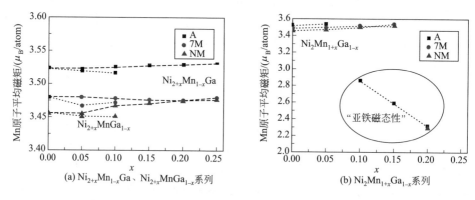

图 4.11　Ni-Mn-Ga 三种系列合金中 Mn 原子平均磁矩的变化

Ni 和 Mn 的原子磁矩在各相中差别很大的原因与相邻原子间的相互作用有关，奥氏体和非调制马氏体中的原子间距离不同。这里，我们只考虑各相中最近邻的 Ni-Ni、Ni-Mn 和 Mn-Mn 原子间距离，忽略了 Ga 原子的贡献（由于 Ga 原子的磁矩很小，大约 $-0.06\mu_{\text{B}}/\text{atom}$）。以化学当量比 Ni_2MnGa 合金为例，如表 4.4 所示，奥氏体中最近邻的 Ni-Ni、Ni-Mn 和 Mn-Mn 原子间距离分别为 2.90Å、2.51Å 和 4.10Å，而在 NM 马氏体中最近邻的 Ni-Ni、Ni-Mn 和 Mn-Mn 原子间距离分别为 2.70Å、2.53Å 和 4.29Å。

表 4.4　Ni_2MnGa 合金奥氏体和 NM 马氏体中最近邻的 Ni-Ni、Ni-Mn 和 Mn-Mn 原子间距离　　　　　　　　　　　　　　　　　Å

Ni_2MnGa	A	NM
Ni-Ni 间距	2.90	2.70
Ni-Mn 间距	2.51	2.53
Mn-Mn 间距	4.10	4.29

从奥氏体到 NM 马氏体的转变过程中，最近邻的 Ni-Ni 原子间距离减小，最近邻的 Mn-Mn 原子间距离增大，而最近邻的 Ni-Mn 原子间距离变化很小可以忽略不计。对于 Ni 原子磁矩，Ni-Ni 原子间距离的减小增强了近邻 Ni 原子间 3d 轨道电子的交互作用，使得马氏体中的 Ni 原子磁矩增大。而对于 Mn 原子磁矩，Mn-Mn 原子间距离的增大削弱了近邻 Mn 原子间 3d 轨道电子的交互作用，因此马氏体中的 Mn 原子磁矩减小。

同时为了探索 $\text{Ni}_{2+x}\text{Mn}_{1-x}\text{Ga}$、$\text{Ni}_{2+x}\text{MnGa}_{1-x}$ 和 $\text{Ni}_2\text{Mn}_{1+x}\text{Ga}_{1-x}$ 三种替代系列合金中成分掺杂对原子磁矩分布的影响，我们计算了奥氏体、7M 马氏体和 NM 马氏体的超级胞中各组成原子的磁矩，如图 4.12～图 4.17 所示。三种替代系列合金中 Ga 原子的磁矩以及 $\text{Ni}_{2+x}\text{Mn}_{1-x}\text{Ga}$、$\text{Ni}_{2+x}\text{MnGa}_{1-x}$ 和 $\text{Ni}_2\text{Mn}_{1+x}\text{Ga}_{1-x}$ 系列合金中 Mn 原子的磁矩变化很小，因此以下讨论主要考虑三种替代系列合金中成分掺杂引起 Ni 原子磁矩沿 c 轴的变化以及 $\text{Ni}_2\text{Mn}_{1+x}\text{Ga}_{1-x}$ 系列中成分掺杂引起 Mn 原子磁矩沿 c 轴的变化。

可以看出与化学当量比 Ni_2MnGa 合金相比，成分掺杂对磁矩的扰动作用主要集中在掺杂原子本身及其近邻原子。但原子磁矩的变化趋势随着掺杂原子和相的不同而不同。对于 $\text{Ni}_{2+x}\text{Mn}_{1-x}\text{Ga}$ 系列合金（图 4.12），奥氏体、7M 马氏体和 NM 马氏体中富余 Ni 原子磁矩沿 c 轴的分布变化非常相似。与化学当量比 Ni_2MnGa 合金的 Ni 原子磁矩相比，富余 Ni 原子（Ni_{Mn}）的磁矩最小。与此同时，富余 Ni 原子的掺杂使其第一近邻和第二近邻的 Ni 原子磁矩减小，而掺杂原子远处的 Ni 原子磁矩基本不变。与奥氏体和 NM 马氏体不同的是，7M 马氏体中 Ni 原子的磁矩大小沿 c 轴振荡分布，这是由调制马氏体的调幅结构引起的。另外，7M 马氏体中 Ni 原子磁矩的大小介于奥氏体中的 Ni 原子磁矩和 NM 马氏体中的 Ni 原子磁矩之间。

对于 $\text{Ni}_{2+x}\text{MnGa}_{1-x}$ 系列合金（如图 4.13 所示），与化学当量比 Ni_2MnGa

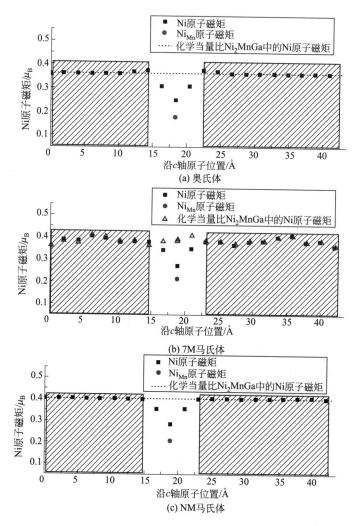

图 4.12 $Ni_{2+x}Mn_{1-x}Ga$ 系列合金中奥氏体、7M 马氏体
和 NM 马氏体中 Ni 原子磁矩沿 c 轴的分布

合金的奥氏体、7M 马氏体和 NM 马氏体的 Ni 原子磁矩相比，富余 Ni 原子（Ni_{Ga}）的磁矩依然最小，与 $Ni_{2+x}Mn_{1-x}Ga$ 系列合金中 Ni 原子的磁矩变化相似（如图 4.12 所示）。尽管成分掺杂对原子磁矩的影响依然集中在其近邻原子，但不同相中的近邻原子磁矩变化不同。富余 Ni 原子占据贫乏 Ga 原子位置的成分掺杂增大了奥氏体相中第一近邻与第二近邻 Ni 原子的磁矩；略微减小了 7M 马氏体相中第一近邻 Ni 原子的磁矩却使第二近邻 Ni 原子的磁矩略微增大；对于 NM 马氏体相，成分掺杂略微减小了第一近邻与第二近邻 Ni 原子的磁矩。

对于 $Ni_2Mn_{1+x}Ga_{1-x}$ 系列合金，富余 Mn 原子占据贫乏 Ga 原子位置的成分掺杂对奥氏体、7M 马氏体和 NM 马氏体中原子磁矩分布变化的影响相同，如图 4.14～图 4.17 所示。与化学当量比 Ni_2MnGa 合金的 Mn 原子磁矩相比，铁磁态的富余 Mn 原子（Mn_{Ga}）携带有最大的原子磁矩（如图 4.15 所示）。同时，富余 Mn 原子占据贫乏 Ga 原子的成分掺杂增大了各相中其第一近邻和第二近邻 Ni 原子的磁矩以及 Mn 原子的磁矩。但是，对于亚铁磁态 $Ni_2Mn_{1+x}Ga_{1-x}$ 合金而言（如图 4.16～图 4.17 所示），其变化趋势相反，富余 Mn 原子的磁矩与化学当量比 Ni_2MnGa 合金的 Mn 原子磁矩相比最小，并且导致奥氏体、7M 马氏体和 NM 马氏体中第一近邻与第二近邻 Ni 原子的磁矩减小。

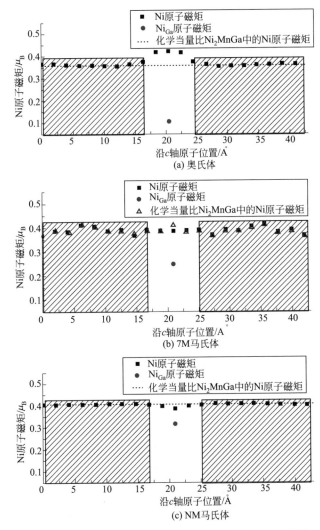

图 4.13　$Ni_{2+x}MnGa_{1-x}$ 系列合金中奥氏体、7M 马氏体
和 NM 马氏体中 Ni 原子磁矩沿 c 轴的分布

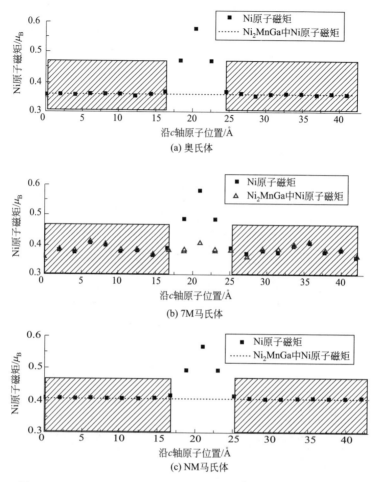

图 4.14 $Ni_2 Mn_{1.05} Ga_{0.95}$ 合金中奥氏体、7M 马氏体和 NM 马氏体
中 Ni 原子磁矩沿 c 轴的分布

进一步分析发现原子磁矩的扰动与 Mn 原子的环境有关，主要体现在两个方面：一个方面是所分析原子与其第一近邻 Mn 原子间的距离（标记为"距离效应"），另一个方面是所分析原子周围最近邻 Mn 原子的数量（标记为"数量效应"）。对于掺杂原子的磁矩，由于掺杂原子最近邻的 Mn 原子数量与其在化学当量比 $Ni_2 MnGa$ 合金中所对应原子最近邻的 Mn 原子数量相同，因此只有"距离效应"起作用。而对于掺杂原子的近邻原子的磁矩，"距离效应"或"数量效应"起作用，亦或者两种效应均起作用。

在 $Ni_{2+x} Mn_{1-x} Ga$ 系列合金中，富余 Ni 原子占据贫乏 Mn 原子的位置，产生 Ni_{Mn} 缺陷（如图 4.12 所示）。对 $Ni_{2+x} Mn_{1-x} Ga$ 系列合金的富余 Ni 原子（Ni_{Mn}）而言，最近邻的 Ni_{Mn}-Mn 原子间的距离是 4.10Å，比化学当量比

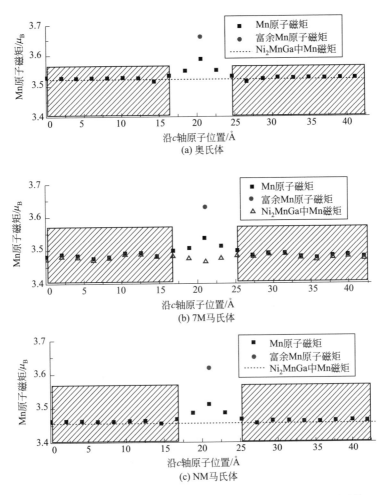

图 4.15　$Ni_2Mn_{1.05}Ga_{0.95}$ 合金中奥氏体、7M 马氏体和 NM 马氏体
中 Mn 原子磁矩沿 c 轴的分布

Ni_2MnGa 合金中的 Ni-Mn 原子间距离 2.51Å 大得多。增大的 Ni-Mn 原子间距
离弱化了 Ni 原子和 Mn 原子 3d 轨道电子间的交互作用, 使得富余 Ni 原子
(Ni_{Mn}) 的磁矩急剧减小。

对 Ni_{Mn} 第一近邻的 Ni 原子而言, 尽管其最近邻的 Ni-Mn 原子间距离与化
学当量比 Ni_2MnGa 合金中的 Ni-Mn 原子间距离相同, 但是由于 Ni_{Mn} 缺陷的产
生, 使得其最近邻的 Mn 原子数量是 3, 而不是在化学当量比 Ni_2MnGa 合金中
的 4。这意味着一个很强的 Ni-Mn 键被替换成较弱的 Ni-Ni 键, 导致 Ni_{Mn} 第一
近邻 Ni 原子的磁矩减小。可以看出 $Ni_{2+x}Mn_{1-x}Ga$ 系列合金中, "距离效应"
对 Ni_{Mn} 缺陷原子的磁矩变化起到主要影响作用, "数量效应" 对 Ni_{Mn} 近邻原子

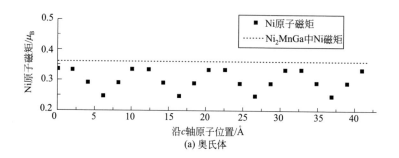

(a) 奥氏体

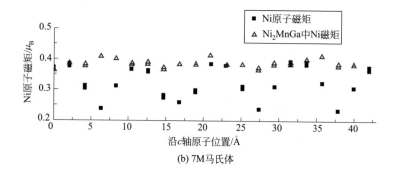

(b) 7M马氏体

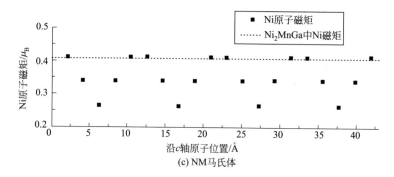

(c) NM马氏体

图 4.16 $Ni_2 Mn_{1.20} Ga_{0.80}$ 合金中奥氏体、7M 马氏体

和 NM 马氏体中 Ni 原子磁矩沿 c 轴的分布

的磁矩变化起到主要影响作用。

在 $Ni_{2+x}MnGa_{1-x}$ 系列合金中，富余 Ni 原子占据贫乏 Ga 原子的位置，产生 Ni_{Ga} 缺陷（如图 4.13 所示）。对 $Ni_{2+x}MnGa_{1-x}$ 系列合金的富余 Ni 原子（Ni_{Ga}）而言，最近邻的 Ni_{Ga}-Mn 原子间的距离是 2.83Å，比化学当量比 Ni_2MnGa 合金中的 Ni-Mn 原子间距离 2.51Å 大得多。削弱了 Ni 原子和 Mn 原子 3d 轨道电子间的交互作用，减小了富余 Ni 原子（Ni_{Ga}）的磁矩。对 Ni_{Ga} 第一近邻的 Ni 原子而言，尽管其最近邻 Mn 原子数量与化学当量比 Ni_2MnGa 合金

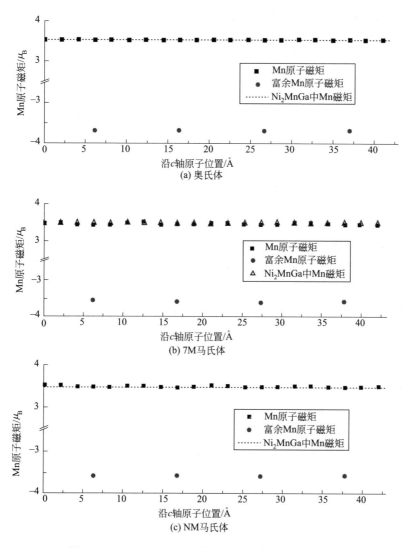

图 4.17　$Ni_2 Mn_{1.20} Ga_{0.80}$ 合金中奥氏体、7M 马氏体
和 NM 马氏体 Mn 原子磁矩沿 c 轴的分布

中的对应原子最近邻 Mn 原子的数量相同，但其最近邻的 Ni-Mn 原子间距离是
2.46Å，而不是化学当量比 $Ni_2 MnGa$ 合金中的 Ni-Mn 原子间距离 2.51Å。距离
的减小增强了 Ni 原子和 Mn 原子 3d 轨道电子的交互作用，使 Ni_{Ga} 第一近邻 Ni
原子的磁矩增大。可以看出 $Ni_{2+x} MnGa_{1-x}$ 系列合金中，"距离效应"对 Ni_{Ga} 缺
陷原子的磁矩变化及 Ni_{Ga} 近邻原子的磁矩变化都起到主要影响作用。

　　在 $Ni_2 Mn_{1+x} Ga_{1-x}$ 系列合金中，富余 Mn 原子占据贫乏 Ga 原子的位置，产
生 Mn_{Ga} 缺陷（图 4.14～图 4.17）。对于 $Ni_2 Mn_{1.05} Ga_{0.95}$ 合金（即在本计算 80

个原子的超级胞中 1 个富余 Mn 原子占据贫乏 Ga 原子位置，如图 4.14、图 4.15 所示），最近邻的 Mn_{Ga}-Mn 原子间距离是 2.90Å，远小于化学当量比 Ni_2MnGa 合金中的 Mn-Mn 原子间距离 4.10Å。距离的减小增强了两个 Mn 原子 3d 轨道电子的交互作用，使得富余 Mn 原子（Mn_{Ga}）的磁矩增大。

对 Mn_{Ga} 第一近邻的 Mn 原子而言（如图 4.15 所示），最近邻的 Mn-Mn_{Ga} 原子间距离是 2.90Å，而不是化学当量比 Ni_2MnGa 合金中的 Mn-Mn 原子间距离 4.10Å，Mn-Mn 原子间的距离减小。由于"距离效应"，Mn_{Ga} 第一近邻的 Mn 原子磁矩增大。除此之外，Mn_{Ga} 第一近邻 Mn 原子的第一近邻与第二近邻的 Mn 原子数量分别是 1(Mn-Mn_{Ga} 原子间距离为 2.90Å）和 12（Mn-Mn 原子间距离为 4.10Å），然而对于化学当量比 Ni_2MnGa 合金中对应 Mn_{Ga} 占位原子的第一近邻 Mn 原子而言，只有 12 个 Mn-Mn 原子间距离为 4.10Å 的正常占位的近邻 Mn 原子。这意味着富余 Mn 原子占据贫乏 Ga 原子位置产生一对强 Mn-Mn 键。在这种情况下，"距离效应"和"数量效应"都对 Mn_{Ga} 第一近邻 Mn 原子的磁矩产生影响。

对于 $Ni_2Mn_{1+x}Ga_{1-x}$ 系列合金中 Mn_{Ga} 第一近邻的 Ni 原子而言（如图 4.14 所示），最近邻的 Ni-Mn 原子间距离与化学当量比 Ni_2MnGa 合金近邻的 Ni-Mn 原子间距离相比没有大的变化，但是其近邻的 Mn 原子数量是 5，而不是化学当量比 Ni_2MnGa 合金中 Ni 近邻的 Mn 原子数量 4。这意味着富余 Mn 原子占据贫乏 Ga 原子位置多形成一对强 Ni-Mn 键，使得 Mn_{Ga} 第一近邻 Ni 原子的磁矩增大。可以看出对于铁磁态的 $Ni_2Mn_{1+x}Ga_{1-x}$ 系列合金，"距离效应"对 Mn_{Ga} 缺陷原子的磁矩变化起主要影响作用，"距离效应"和"数量效应"都对 Mn_{Ga} 近邻 Mn 原子的磁矩产生影响作用，"数量效应"对 Mn_{Ga} 近邻 Ni 原子的磁矩变化起主要影响作用。

另外，对于 $Ni_2Mn_{1.20}Ga_{0.80}$ 合金（即在 80 个原子的超级胞中 4 个富余 Mn 原子占据贫乏 Ga 原子的位置，如图 4.16、图 4.17 所示），最近邻的 Mn_{Ga}-Mn 原子间距离为 2.86Å。由于磁相互作用的变化使得近邻 Mn-Mn 原子间形成反铁磁耦合。这一改变可以由直接交互作用（Bethe-Slater 曲线）和传导电子间的间接交互作用（RKKY 作用）解释。类似的反铁磁有序行为还可以在 Ni-Mn-X 材料中被观测和计算出来。

进一步研究发现亚铁磁态合金的成分区间与 7M 马氏体稳定存在的成分区间相重合。对于 $Ni_2Mn_{1.10}Ga_{0.90}$ 合金和 $Ni_2Mn_{1.15}Ga_{0.85}$ 合金，奥氏体呈亚铁磁态，7M 马氏体和 NM 马氏体呈铁磁态；对于 $Ni_2Mn_{1.20}Ga_{0.80}$ 合金，奥氏体、7M 马氏体和 NM 马氏体均呈亚铁磁态。$Ni_2Mn_{1+x}Ga_{1-x}$ 替代系列合金中，三相随着 Mn 含量的增加都变成亚铁磁相。可以看出 7M 马氏体的稳定性与各相的磁性密切相关。

4.3.5　Ni-Mn-Ga 合金各相的电子结构

为了探究 $Ni_2Mn_{1+x}Ga_{1-x}$（$0.10 \leqslant x \leqslant 0.20$）合金 7M 马氏体稳定的根本原因，我们绘制了 $Ni_2Mn_{1.2}Ga_{0.8}$ 合金中两种马氏体相（7M 马氏体和 NM 马氏体）在 $0.01e/Å^3$ 等值面的差分电荷密度图，如图 4.18 所示。图中（a）和（b）表示 7M 马氏体的差分电荷密度图，（c）和（d）表示 NM 马氏体的差分电荷密度图；（a）和（c）表示没有富余 Mn 原子占据贫乏 Ga 原子（Mn_{Ga}）缺陷的平面，即原子位置与化学当量比 Ni_2MnGa 合金的原子位置相同，（b）和（d）表示含有富余 Mn 原子占据贫乏 Ga 原子（Mn_{Ga}）缺陷的平面。

可以看出 7M 与 NM 马氏体相没有富余 Mn 原子占据贫乏 Ga 原子的缺陷平面中 [图 4.18(a)、(c)]，Ni-Mn 原子间存在强烈地电荷成键行为；而在有富余 Mn 原子占据贫乏 Ga 原子的缺陷平面中 [图 4.18(b)、(d)]，可以观察到原子间强烈地电荷成键行为不仅存在于 Ni 原子和正常占位的 Mn 原子（Mn2）间，还存在于 Ni 原子和富余 Mn 原子（Mn1 和 Mn3）间。

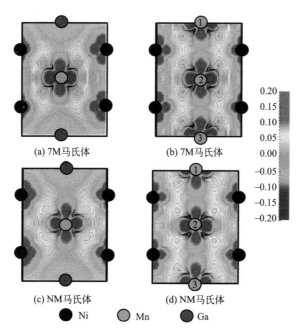

图 4.18　$Ni_2Mn_{1.2}Ga_{0.8}$ 合金中两种马氏体在 $0.01e/Å^3$ 等值面的差分电荷密度图

此外，调制结构马氏体中 Ni 和 Mn 原子的差分电荷级数是 10 [图 4.18(a)、(b)]，高于非调制结构马氏体中的 Ni 和 Mn 原子的差分电荷级数是 8 [图 4.18(c)、(d)]。这意味着 Ni 和 Mn 的电子电荷密度增加，调制马氏体中形成更多的

Ni-Mn 键。因此，7M 马氏体中 Ni 和 Mn 原子的电荷成键能力强于 NM 马氏体中 Ni 和 Mn 原子的电荷成键能力，这可能是 $Ni_2Mn_{1+x}Ga_{1-x}$（$0.10 \leqslant x \leqslant 0.20$）合金 7M 马氏体成为稳定相的根本原因。对于调制结构马氏体，图 4.18（a）中 Ni 原子右侧的深色区域明显多于左侧的深色区域，而在图 4.18(b) 中观察到相反的现象。这种不对称性是由调制结构马氏体的原子占位造成的。

为了探究 Ni-Mn-Ga 合金磁性能的微观本质，本节在前述平衡晶格常数和优化的各参数基础上采用带有布洛赫修正的四面体方法分别计算了 $Ni_{2+x}Mn_{1-x}Ga$、$Ni_{2+x}MnGa_{1-x}$ 以及 $Ni_2Mn_{1+x}Ga_{1-x}$ 系列合金奥氏体相、7M 马氏体相以及 NM 马氏体相的自旋态密度，其中 $Ni_{2+x}Mn_{1-x}Ga$ 系列合金各相随替代原子数目增加的总电子态密度图如图 4.19～图 4.21 所示。

合金的总磁矩是由自旋向上和自旋向下的总电子数之差决定的。为了精确地探究 $Ni_{2+x}Mn_{1-x}Ga$ 系列合金磁性能的微观本质，我们分别计算了各成分合金三相的自旋向上和自旋向下的总电子数，如表 4.5 所示。可以看出随着替代原子数目的增加，自旋向上的总电子数几乎不变，而自旋向下的总电子数逐渐增大，导致自旋向上和自旋向下两部分的电子数之差减小，即合金的总磁矩减小。这就是 $Ni_{2+x}Mn_{1-x}Ga$ 系列合金磁性随着替代 Ni 原子数目的增加而减弱的原因。

表 4.5 $Ni_{2+x}Mn_{1-x}Ga$ 合金奥氏体、7M 和 NM 马氏体自旋向上、自旋向下的总电子数以及总磁矩 μ_B

	$Ni_{2+x}Mn_{1-x}Ga$	$x=0$	$x=0.05$	$x=0.20$
A	自旋向上	341	341	341
	自旋向下	258	261	271
	总磁矩	83	80	70
7M	自旋向上	342	342	341
	自旋向下	258	261	271
	总磁矩	84	81	70
NM	自旋向上	342	342	341
	自旋向下	258	261	271
	总磁矩	84	81	70

图 4.22～图 4.24 分别给出了 $Ni_{2+x}MnGa_{1-x}$ 系列合金奥氏体相、7M 马氏体相以及 NM 马氏体相随替代原子数目增加的总电子态密度图。各成分合金三相的自旋向上和自旋向下的总电子数如表 4.6 所示。可以看出随着替代 Ni 原子数目的增加，自旋向上和自旋向下的总电子数均逐渐增大，导致自旋向上和自旋向下两部分的电子数之差几乎不变，即合金的总磁矩变化很小。这就是 $Ni_{2+x}MnGa_{1-x}$ 系列合金磁性随着替代 Ni 原子数目的增加而基本不变的原因。

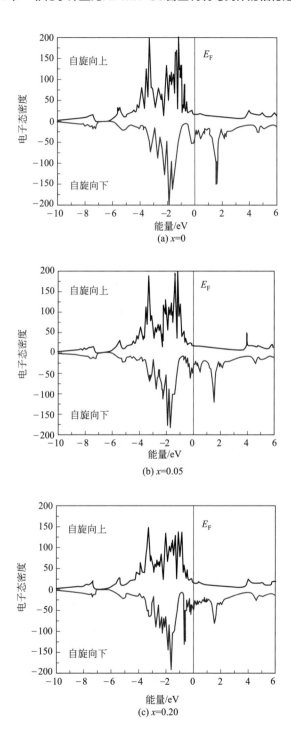

图 4.19 $Ni_{2+x}Mn_{1-x}Ga$ 合金奥氏体自旋极化的总电子态密度图

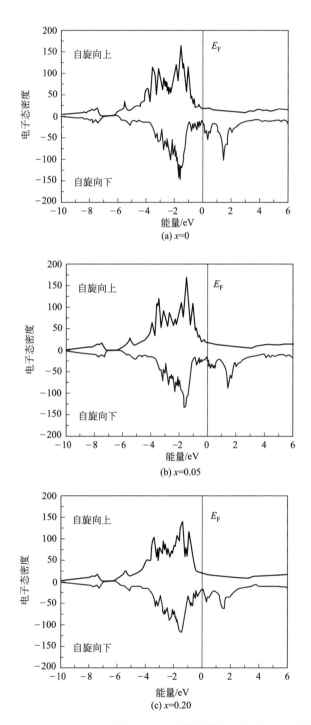

图 4.20 $Ni_{2+x}Mn_{1-x}Ga$ 合金 7M 马氏体自旋极化的总电子态密度图

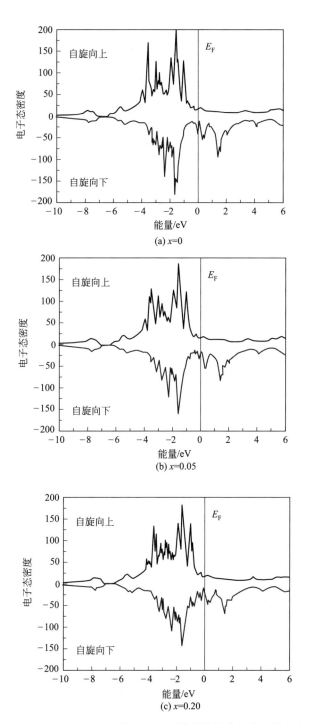

图 4.21 $Ni_{2+x}Mn_{1-x}Ga$ 合金 NM 马氏体自旋极化的总电子态密度图

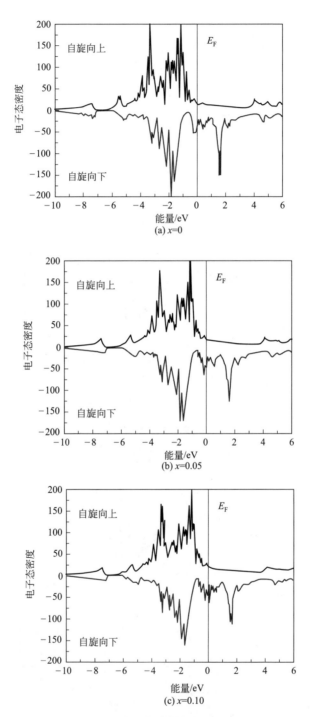

图 4.22 $Ni_{2+x}MnGa_{1-x}$ 合金奥氏体自旋极化的总电子态密度图

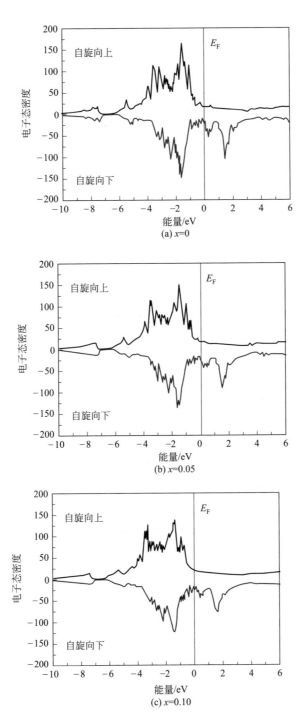

图 4.23　$Ni_{2+x}MnGa_{1-x}$ 合金 7M 马氏体自旋极化的总电子态密度图

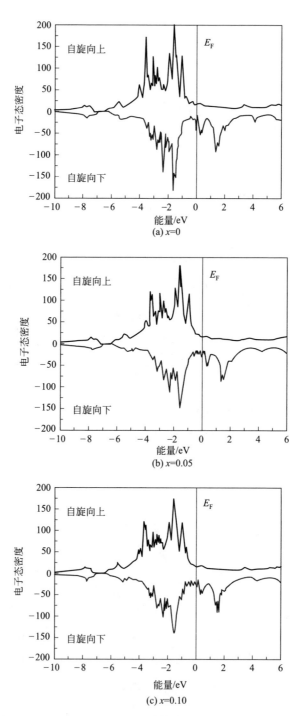

图 4.24　$Ni_{2+x}MnGa_{1-x}$ 合金 NM 马氏体自旋极化的总电子态密度图

表 4.6　$Ni_{2+x}MnGa_{1-x}$ 合金奥氏体、7M 和 NM 马氏体

自旋向上、自旋向下的总电子数以及总磁矩　　　μ_B

$Ni_{2+x}MnGa_{1-x}$		$x=0$	$x=0.05$	$x=0.10$
A	自旋向上	341	346	349
	自旋向下	258	261	265
	总磁矩	83	85	84
7M	自旋向上	342	346	350
	自旋向下	258	261	265
	总磁矩	84	85	85
NM	自旋向上	342	346	350
	自旋向下	258	261	265
	总磁矩	84	85	85

图 4.25～图 4.27 分别给出了 $Ni_2Mn_{1+x}Ga_{1-x}$ 系列合金奥氏体相、7M 马氏体相以及 NM 马氏体相随替代原子数目增加的总电子态密度图。各成分合金三相的自旋向上和自旋向下的总电子数如表 4.7 所示。可以看出对于铁磁态 $Ni_2Mn_{1.05}Ga_{0.95}$ 合金，随着替代 Mn 原子数目的增加，自旋向上的总电子数增大，而自旋向下的总电子数几乎不变，导致自旋向上和自旋向下两部分的电子数之差增大，即合金的总磁矩增大。而对于亚铁磁态 $Ni_2Mn_{1.20}Ga_{0.80}$ 合金，随着替代原子数目的增加，自旋向上的总电子数几乎不变，而自旋向下的总电子数增大，导致自旋向上和自旋向下两部分的电子数之差减小，即合金的总磁矩减小。这就是铁磁态 $Ni_2Mn_{1+x}Ga_{1-x}$ 合金磁性随着替代 Mn 原子数目的增加而增强以及亚铁磁态 $Ni_2Mn_{1+x}Ga_{1-x}$ 合金磁性随着替代 Mn 原子数目的增加而减弱的原因。

表 4.7　$Ni_2Mn_{1+x}Ga_{1-x}$ 合金奥氏体、7M 和 NM 马氏体

自旋向上、自旋向下的总电子数以及总磁矩　　　μ_B

$Ni_2Mn_{1+x}Ga_{1-x}$		$x=0$	$x=0.05$	$x=0.20$
A	自旋向上	341	346	342
	自旋向下	258	258	274
	总磁矩	83	88	68
7M	自旋向上	342	346	342
	自旋向下	258	257	273
	总磁矩	84	89	69
NM	自旋向上	342	347	342
	自旋向下	258	258	273
	总磁矩	84	89	69

为了进一步揭示"距离效应"和"数量效应"对原子磁矩的影响，分别计算了奥氏体、7M 马氏体和 NM 马氏体中相对应的掺杂原子及其近邻原子的电子态密度图。图 4.28～图 4.30 分别给出了 Ni_2MnGa 合金三相正常占位 Mn 原子的

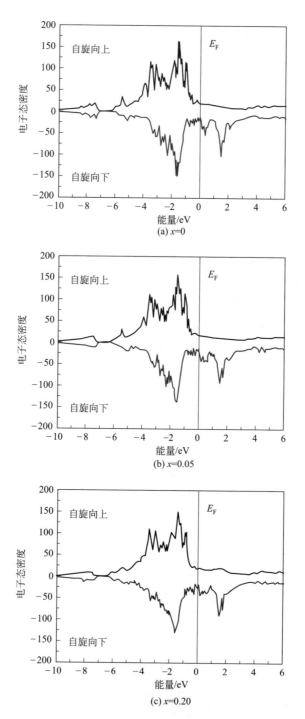

图 4.25　$Ni_2Mn_{1+x}Ga_{1-x}$ 合金奥氏体自旋极化的总电子态密度图

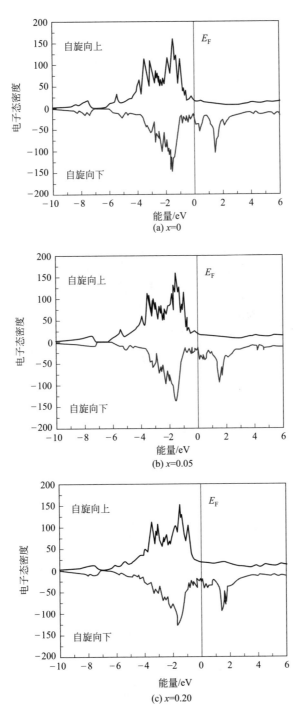

图 4.26　$Ni_2Mn_{1+x}Ga_{1-x}$ 合金 7M 马氏体自旋极化的总电子态密度图

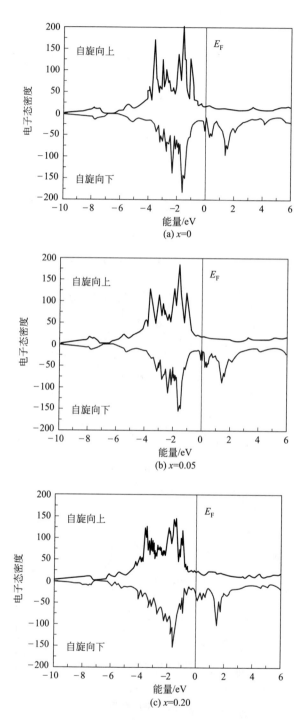

图 4.27 $Ni_2Mn_{1+x}Ga_{1-x}$ 合金 NM 马氏体自旋极化的总电子态密度图

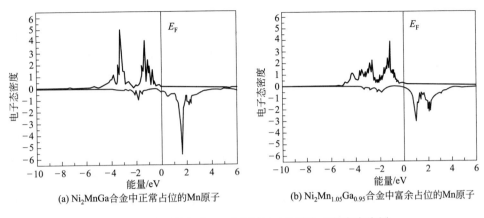

(a) Ni₂MnGa合金中正常占位的Mn原子 (b) Ni₂Mn₁.₀₅Ga₀.₉₅合金中富余占位的Mn原子

图 4.28 奥氏体相中 Mn 原子的 3d 轨道电子的态密度图

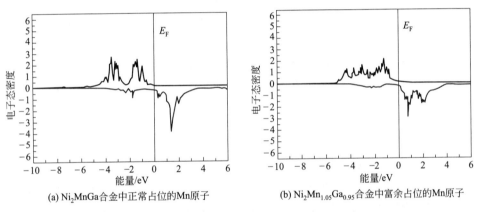

(a) Ni₂MnGa合金中正常占位的Mn原子 (b) Ni₂Mn₁.₀₅Ga₀.₉₅合金中富余占位的Mn原子

图 4.29 7M 马氏体相中 Mn 原子的 3d 轨道电子的态密度图

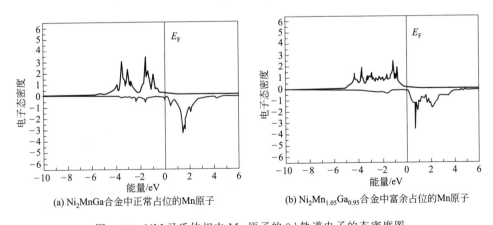

(a) Ni₂MnGa合金中正常占位的Mn原子 (b) Ni₂Mn₁.₀₅Ga₀.₉₅合金中富余占位的Mn原子

图 4.30 NM 马氏体相中 Mn 原子的 3d 轨道电子的态密度图

3d 轨道电子的自旋分波态密度图和 $Ni_2Mn_{1.05}Ga_{0.95}$ 合金三相富余 Mn 原子

（Mn_{Ga}）的 3d 轨道电子的自旋分波态密度图。

可以看出化学当量比 Ni_2MnGa 合金奥氏体、7M 马氏体和 NM 马氏体中正常占位的 Mn 原子（图 4.28～图 4.30）3d 态自旋向上部分被完全占据，t_{2g} 和 e_g 电子态分别在 $-3.3eV$ 和 $-1.3eV$ 处清晰地分离开。Mn 原子的 3d 态自旋向下部分由位于费米面之上 $1.6eV$ 处反键区的主峰支配，并在费米面之下有一定的电子分布。Ni_2MnGa 合金中正常占位的 Mn 原子与 $Ni_2Mn_{1.05}Ga_{0.95}$ 合金中富余占位的 Mn 原子（图 4.28～图 4.30）的分波态密度主要有两个区别：第一个区别出现在自旋向上部分。奥氏体中正常占位的 Mn 原子 ［图 4.28(a)］ 3d 轨道电子的 t_{2g} 电子态以 $-3.3eV$ 为中心分布，而富余占位的 Mn 原子 ［图 4.28(b)］ 3d 轨道电子的 t_{2g} 电子态的主峰变成从 -5.6～$-2.3eV$ 的分布较为平缓的峰。7M 马氏体和 NM 马氏体中正常占位的 Mn 原子 ［图 4.29(a)、图 4.30(a)］ 3d 轨道电子分波态密度图中分别以 $-3.3eV$ 和 $-1.3eV$ 为中心分布两个主峰在富余占位的 Mn 原子 ［图 4.29(b)、图 4.30(b)］ 3d 轨道电子态密度图中变成从 -5.2～$-0.8eV$ 的分布较为平缓的峰。

第二个区别出现在自旋向下部分。奥氏体中位于费米面以上反键区的正常占位 Mn 原子分波态密度图中 $1.6eV$ 的主峰变为富余占位 Mn 原子分波态密度图 ［图 4.28(b)］ 中两个分别在 $1.0eV$ 和 $2.0eV$ 的峰。7M 马氏体和 NM 马氏体中位于费米面以上反键区的正常占位 Mn 原子分波态密度图中 $1.6eV$ 的主峰变为富余占位 Mn 原子分波态密度图 ［图 4.29(b)、图 4.30(b)］ 中两个分别在 $0.8eV$ 和 $2.0eV$ 的峰。

图 4.31～图 4.33 分别给出化学当量比 Ni_2MnGa 合金中奥氏体、7M 马氏体和 NM 马氏体正常占位的 Ni 原子 3d 轨道电子的自旋分波态密度图和 $Ni_2Mn_{1.05}Ga_{0.95}$ 合金中奥氏体、7M 马氏体和 NM 马氏体富余占位 Mn 原子（Mn_{Ga}）的第一近邻 Ni 原子 3d 轨道电子的自旋分波态密度图来说明"数量效应"对原子磁矩的影响。对于 Mn_{Ga} 第一近邻的 Ni 原子而言，最近邻的 Ni-Mn 原子间距离与化学当量比 Ni_2MnGa 合金中的 Ni-Mn 原子间距离相比基本不变，但是 Mn_{Ga} 缺陷使其最近邻的 Mn 原子数量由化学当量比 Ni_2MnGa 合金中的 4 增加到 5。

比较化学当量比 Ni_2MnGa 合金奥氏体、7M 马氏体和 NM 马氏体中正常占位 Ni 原子的 3d 轨道电子态密度图和 $Ni_2Mn_{1.05}Ga_{0.95}$ 合金中富余占位 Mn 原子的第一近邻 Ni 原子的 3d 轨道电子态密度图（图 4.31～图 4.33），可以看出与化学当量比 Ni_2MnGa 合金中正常占位 Ni 原子的 3d 轨道电子态密度图相比，$Ni_2Mn_{1.05}Ga_{0.95}$ 合金富余占位 Mn 原子的第一近邻 Ni 原子的分波态密度图中各峰值均被削弱，且被圈出的自旋向上和自旋向下部分的两个峰谷有向峰顶移动的趋势，使得 $Ni_2Mn_{1.05}Ga_{0.95}$ 合金中富余 Mn 原子第一近邻 Ni 原子的磁矩增加。

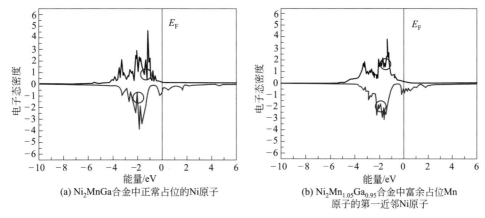

(a) Ni₂MnGa合金中正常占位的Ni原子

(b) Ni₂Mn₁.₀₅Ga₀.₉₅合金中富余占位Mn原子的第一近邻Ni原子

图 4.31　奥氏体相中 Ni 原子的 3d 轨道电子的态密度图

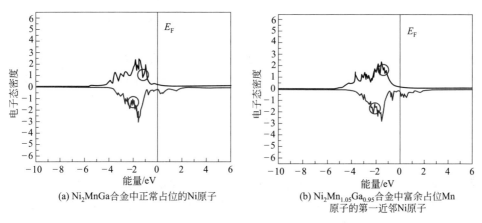

(a) Ni₂MnGa合金中正常占位的Ni原子

(b) Ni₂Mn₁.₀₅Ga₀.₉₅合金中富余占位Mn原子的第一近邻Ni原子

图 4.32　7M 马氏体相中 Ni 原子的 3d 轨道电子的态密度图

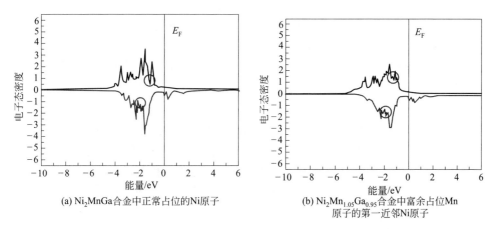

(a) Ni₂MnGa合金中正常占位的Ni原子

(b) Ni₂Mn₁.₀₅Ga₀.₉₅合金中富余占位Mn原子的第一近邻Ni原子

图 4.33　NM 马氏体相中 Ni 原子的 3d 轨道电子的态密度图

综上所述，通过计算非化学当量比 $Ni_{2+x}Mn_{1-x}Ga(0.05 \leqslant x \leqslant 0.25)$、$Ni_{2+x}MnGa_{1-x}(0.05 \leqslant x \leqslant 0.10)$ 以及 $Ni_2Mn_{1+x}Ga_{1-x}(0.05 \leqslant x \leqslant 0.20)$ 合金中奥氏体、7M 马氏体和 NM 马氏体超结构的富余组成原子间的优先占位方式、各相的稳定性、结构参数、磁性能以及电子结构，得到主要结论如下：

① 对于非化学当量比 $Ni_{2+x}Mn_{1-x}Ga(0.05 \leqslant x \leqslant 0.25)$、$Ni_{2+x}MnGa_{1-x}$ $(0.05 \leqslant x \leqslant 0.10)$ 以及 $Ni_2Mn_{1+x}Ga_{1-x}(0.05 \leqslant x \leqslant 0.20)$ 合金富余组成原子（富余 Ni 原子或富余 Mn 原子）之间的占位方式倾向于彼此远离。富 Ni 系列合金（$Ni_{2+x}Mn_{1-x}Ga$，$0.05 \leqslant x \leqslant 0.25$ 和 $Ni_{2+x}MnGa_{1-x}$，$0.05 \leqslant x \leqslant 0.10$）有利于得到相对稳定的 NM 马氏体相，而适量的富 Mn 系列合金（Ni_2Mn_{1+x} Ga_{1-x}，$0.10 \leqslant x \leqslant 0.20$）有利于得到相对稳定的 7M 马氏体相。因此可以在成分区间宽泛的 $Ni_2Mn_{1+x}Ga_{1-x}(0.10 \leqslant x \leqslant 0.20)$ 合金中获得作为稳定相的 7M 马氏体，并且高 Mn 含量合金的马氏体转变温度能够满足实际应用的要求。

② 通过 Ni-Mn-Ga 上述三种替代系列合金各相形成能的计算结果，拟合出形成能计算公式，利用公式可以估算不同合金成分所对应的奥氏体相、7M 马氏体相和 NM 马氏体相的形成能，计算结果与实验结果相吻合。因此通过拟合公式可以预测 Ni-Mn-Ga 合金各相的稳定性。母相奥氏体和中间相马氏体以及中间相马氏体和稳定相马氏体的形成能差计算结果表明马氏体转变的能量差比中间马氏体转变的能量差大得多，这意味着马氏体转变过程的驱动力比中间马氏体转变的驱动力大。$Ni_{2+x}Mn_{1-x}Ga$ 和 $Ni_{2+x}MnGa_{1-x}$ 系列合金中随着 e/a 比的增加，奥氏体与 7M 马氏体的形成能差增大。增大的能量差可以提供更大的转变驱动力进而当驱动力增大到一定值时直接从奥氏体相转变成稳定的马氏体相。

③ 原子尺寸因素和合金磁性因素对晶胞体积的变化有重要的影响：Ni_{2+x} $Mn_{1-x}Ga$ 系列合金中两种因素互相加强，优化后晶胞的单位体积随着替代 Ni 原子数目的增加而减小；$Ni_{2+x}MnGa_{1-x}$ 系列合金和 $Ni_2Mn_{1+x}Ga_{1-x}$ 系列合金中两种因素互相削弱，$Ni_{2+x}MnGa_{1-x}$ 系列合金中原子尺寸因素起主导作用，优化后晶胞的单位体积随着替代 Ni 原子数目的增加而减小；而 $Ni_2Mn_{1+x}Ga_{1-x}$ 系列合金中磁性因素起主导作用，铁磁态和亚铁磁态合金优化后晶胞的单位体积分别随着替代 Mn 原子数目的增加而增大。

④ 对于上述三种替代系列合金中的每种合金而言，随着替代原子数目的增加，铁磁态合金中三相（奥氏体、7M 马氏体和 NM 马氏体）总磁矩的变化趋势几乎没有差别，亚磁态 $Ni_2Mn_{1+x}Ga_{1-x}$ 合金中三相总磁矩的变化趋势不同。对于上述三种替代系列合金中的不同种合金而言，随着替代原子数目的增加，同种相总磁矩的变化趋势不同。进一步分析表明三种系列合金随着替代原子数目的增加总磁矩呈现相同的变化趋势：在铁磁态 $Ni_2Mn_{1+x}Ga_{1-x}$ 系列合金中，三相的总磁矩随着 Mn 含量的增加而增大；在 $Ni_{2+x}MnGa_{1-x}$ 系列合金中，三相的总磁

矩随着 Mn 含量的不变而几乎没有变化；在 $Ni_{2+x}Mn_{1-x}Ga$ 系列合金中，三相的总磁矩随着 Mn 含量的降低而减小；而在亚铁磁态 $Ni_2Mn_{1+x}Ga_{1-x}$ 系列合金中，奥氏体相的总磁矩随着 Mn 含量的增加而减小。因此，铁磁态系列合金中三相的总磁矩随着 Mn 含量的增加而增大，随着 Mn 含量的不变而几乎没有变化，随着 Mn 含量的降低而减小。对于亚铁磁态 $Ni_2Mn_{1+x}Ga_{1-x}$ 系列合金，奥氏体相的总磁矩随着 Mn 含量的增加而减小。此外，在这三种非化学当量比 Ni-Mn-Ga 替代系列合金中发现奥氏体呈亚铁磁态的 $Ni_2Mn_{1+x}Ga_{1-x}$ $(0.10 \leqslant x \leqslant 0.20)$ 合金的 7M 马氏体稳定。上述三种铁磁态替代系列合金的奥氏体、7M 马氏体和 NM 马氏体的 Ni 原子磁矩随着 Mn 含量的增加而增大，随着 Mn 含量的不变而几乎没有变化，随着 Mn 含量的降低而减小。但是对于每一替代系列合金而言，Ni 原子磁矩在奥氏体、7M 马氏体和 NM 马氏体相中的变化趋势有所差别：奥氏体中的 Ni 原子磁矩最小，而 NM 马氏体中的 Ni 原子磁矩最大。铁磁态的 $Ni_2Mn_{1+x}Ga_{1-x}$ 系列合金中 Mn 原子的磁矩随着 Mn 含量的增加而略微增大，而亚铁磁态 $Ni_2Mn_{1+x}Ga_{1-x}$ 合金中 Mn 原子的磁矩随着 Mn 含量的增加而减小。$Ni_{2+x}Mn_{1-x}Ga$ 和 $Ni_{2+x}MnGa_{1-x}$ 系列合金的奥氏体、7M 马氏体和 NM 马氏体中 Mn 原子的磁矩随着替代原子数目的增加变化不明显；与各相中 Ni 原子磁矩的变化趋势相反，奥氏体中的 Mn 原子磁矩最大，而 NM 马氏体中的 Mn 原子磁矩最小。奥氏体到 NM 马氏体的转变减小了 Ni-Ni 原子间距离，增强了近邻 Ni 原子间 3d 轨道电子的交互作用，进而增大了马氏体中 Ni 原子的磁矩；而奥氏体到 NM 马氏体的转变增大了 Mn-Mn 原子间距离，削弱了近邻 Mn 原子间 3d 轨道电子的交互作用，进而减小了马氏体中 Mn 原子的磁矩。成分掺杂引发的磁矩扰动主要集中在掺杂原子及其近邻原子，主要与 Mn 环境的影响有关。所分析的原子与其第一近邻 Mn 原子间的距离减小（"距离效应"）或者所分析原子周围最近邻 Mn 原子的数量增加（"数量效应"）都将使所分析原子的磁矩增大。$Ni_{2+x}Mn_{1-x}Ga$ 系列合金奥氏体相、7M 马氏体相以及 NM 马氏体相随替代原子数目增加总自旋态密度图的自旋向上的总电子数几乎不变，而自旋向下的总电子数逐渐增大，导致自旋向上和自旋向下两部分的电子数之差减小，即合金的总磁矩减小。这就是 $Ni_{2+x}Mn_{1-x}Ga$ 系列合金磁性随着替代 Ni 原子数目的增加而增强的原因。

⑤ $Ni_2Mn_{1+x}Ga_{1-x}$ $(0.10 \leqslant x \leqslant 0.20)$ 合金中，Ni-Mn 原子的成键行为不仅存在于 Ni 原子与当量 Mn 原子间，同时存在于 Ni 原子与富余 Mn 原子间。调制结构马氏体中 Ni-Mn 原子的电荷成键能力强于非调制结构马氏体中的 Ni-Mn 原子的电荷成键能力，这可能是调制结构马氏体成为稳定相的根本原因。$Ni_{2+x}Mn_{1-x}Ga$ 系列合金奥氏体相、7M 马氏体相以及 NM 马氏体相随替代原子数目增加，总自旋态密度图的自旋向上的总电子数几乎不变，而自旋向下的总电子数

逐渐增大，导致自旋向上和自旋向下两部分的电子数之差减小，即合金的总磁矩减小。这就是 $Ni_{2+x}Mn_{1-x}Ga$ 系列合金磁性随着替代 Ni 原子数目的增加而减弱的原因。$Ni_{2+x}MnGa_{1-x}$ 系列合金奥氏体相、7M 马氏体相以及 NM 马氏体相随替代原子数目增加总自旋态密度图的自旋向上和自旋向下的总电子数均逐渐增大，导致自旋向上和自旋向下两部分的电子数之差几乎不变，即合金的总磁矩变化很小。这就是 $Ni_{2+x}MnGa_{1-x}$ 系列合金磁性随着替代 Ni 原子数目的增加而基本不变的原因。铁磁态 $Ni_2Mn_{1+x}Ga_{1-x}$ 合金奥氏体相、7M 马氏体相以及 NM 马氏体相随着替代 Mn 原子数目的增加总自旋态密度图的自旋向上的总电子数增大，而自旋向下的总电子数几乎不变，导致自旋向上和自旋向下两部分的电子数之差增大，即合金的总磁矩增大。而对于亚铁磁态 $Ni_2Mn_{1+x}Ga_{1-x}$ 合金，随着替代原子数目的增加总自旋态密度图的自旋向上的总电子数几乎不变，而自旋向下的总电子数增大，导致自旋向上和自旋向下两部分的电子数之差减小，即合金的总磁矩减小。这就是铁磁态 $Ni_2Mn_{1+x}Ga_{1-x}$ 合金磁性随着替代 Mn 原子数目的增加而增强以及亚铁磁态 $Ni_2Mn_{1+x}Ga_{1-x}$ 合金磁性随着替代 Mn 原子数目的增加而减弱的原因。

第5章

掺杂合金元素Co、Cu和Ti对Ni-Mn-Ga 合金晶体结构和性能的影响

5.1 引言

近年来，由于对电子器件、机械装置高效能、小型化及微型化需求的增大，要求传感材料具有更大的响应应变、更高的能量密度和更快的响应速度，因而设计与开发具有高功效的新型功能材料以适应上述要求成为近年来形状记忆合金研制的主攻方向。自从马氏体孪晶的变体重排可以引起大的磁致应变被报道以来，铁磁形状记忆合金（FSMAs）作为高性能传感器与驱动器材料受到了广泛的关注。在过去的 20 年里，以 Ni-Mn-Ga 合金为代表的铁磁形状记忆合金在其使用性能方面积累了大量的知识，可以预见在相关器件中使用此类合金的可能性。

Ni-Mn-Ga 铁磁形状记忆合金将温控形状记忆合金与磁致伸缩材料的优点集于一身，既具有大的输出应变，又具有高的响应频率。文献中报道的 Ni-Mn-Ga 合金中的磁致应变高达 9.5%，比压电材料和磁致伸缩材料所产生的应变高一个数量级。同时，铁磁形状记忆合金的工作频率高达千赫数量级，克服了温控形状记忆合金工作频率低的缺点。受到 Ni-Mn-Ga 合金这些优点的启发，过去 20 年中人们对这种材料的各个方面展开了深入而细致的研究，人们围绕晶体结构、相变、磁性能、磁致形状记忆效应、力学性能、合金化等方面进行了大量研究，揭示了许多新现象和新规律。

Ni-Mn-Ga 系磁致形状记忆合金的巨磁场诱导应变只有在铁磁态，且温度低于马氏体转变温度时才被观测到。因此，为了扩大应用范围，应尽量使合金具有高的马氏体转变温度和高的居里温度。Ni-Mn-Ga 合金系的马氏体转变温度对合金成分非常敏感，高的马氏体转变温度可以通过成分调整来实现；然而，居里温度（T_C）却对 Ni-Mn-Ga 三种组分之间的成分调整不敏感——在宽泛的成分范围内保持约 370K[113]。迄今为止，提高 T_C 最有效的手段是合金化第四组元。同时 Ni-Mn-Ga 合金具有成分偏析导致相变温度难控制和输出应力低（仅为 3～

5MPa）及高脆性导致的加工成形困难等缺点，特别是其固有的高脆性问题，在很大程度上限制了其实际应用。研究者们通过向 Ni-Mn-Ga 三元合金中添加不同的第四组元以期改善合金的高脆性。目前，通过向 Ni-Mn-Ga 合金中添加稀土元素、Co、Cu 或 Ti 元素等第四组元，是提高 Ni-Mn-Ga 合金居里温度和韧性所采用的主要手段。

5.2 计算结果与分析

5.2.1 Co 含量对 Ni-Mn-Ga 合金的影响

最近的研究成果表明，用 Co 元素部分取代 Ni 组元是最有效的提高居里温度的方法。因此，Ni-Mn-Ga-Co 磁致形状记忆合金成为新的科研关注点。科研工作者们对不同 Co 含量的 Ni-Mn-Ga-Co 合金的晶体结构、马氏体相变温度、居里温度、磁致应变、第二相 γ 相析出以及力学性能的影响做了探索性的实验研究。证实添加 Co 元素可以大幅提高居里温度，并析出第二相 γ 相以改善合金的高脆性，从而使 Ni-Mn-Ga 基磁致形状记忆合金具有更加优良的使用性能。为了能进一步地理解实验规律的本质，为了能更深层次地解释实验现象的机理，为了能更好地开展对 Ni-Mn-Ga-Co 磁致形状记忆合金研究，明确揭示四元合金中 Co 的优先占位以及从根本上理解添加 Co 导致居里温度大幅升高、第二相析出和合金磁性能增强的原因，成为亟待解决的问题。

本节研究了合金元素 Co 在 Ni_2MnGa 合金中的优先占位并系统地模拟计算了 Co 含量对 $Ni_{8-x}Mn_4Ga_4Co_x$ （$x = 0$，0.5，1，1.5，2）合金的晶体结构、磁性能、相稳定性、居里温度以及电子结构的影响，旨在解释实验规律和阐明实验机理，力图对添加 Co 而导致的居里温度的升高以及磁性能的增强给出有力的理论解释及支撑，以期对开发高性能磁致形状记忆合金提供理论依据。

5.2.1.1 合金元素 Co 的优先占位和 Co 含量对平衡晶格常数的影响

某些研究组设计用 Co 取代 Ni-Mn-Ga 合金中的 Ni 组分，也有研究组设计用 Co 取代 Mn 组分，但是通过实验不易证实添加的 Co 元素到底倾向于优先占据何种组分的亚晶格格点。为了确定合金元素 Co 在 Ni_2MnGa 合金中的优先占位，为四元 Ni-Mn-Ga-Co 合金建立正确的结构模型，本节从形成能的角度出发考虑合金元素 Co 的优先占位情况。

首先模拟计算了各种占位情况下铁磁奥氏体相的形成能。用一个 Co 原子取代 $Ni_8Mn_4Ga_4$ 中的一个亚晶格格点，可能有三种占位：Ni 位、Mn 位和 Ga 位。

对于 8 个 Ni 原子来说，它们的位置是对称等效的，但是 Mn 和 Ga 原子均各自有两种等效位置：角点 Mn Ⅰ （0，0，0）和面心 Mn Ⅱ （0.5，0.5，0）；体心 Ga Ⅰ （0.5，0.5，0.5）和棱中 Ga Ⅱ （0.5，0，0），如图 5.1(a) 所示。

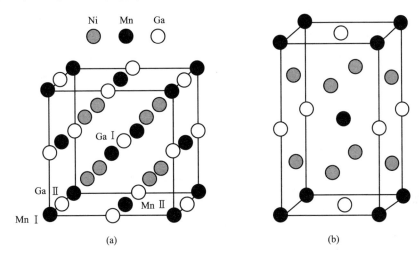

图 5.1　Ni$_2$MnGa 合金的 L2$_1$ Heusler 奥氏体和四方非调制马氏体的空间结构

形成能 E_{from} 是固态物质相稳定性的表征方式，被定义为化合物的基态总能减去相关元素在它们的纯金属块体参考态下的总能，并将所有的能量归一化。形成能的计算方法分别用公式(5.1)～公式(5.3) 表示。

$$E_{form} = \frac{E_{tot(Ni_7Mn_4Ga_4Co_1)} - 7E^0_{tot(Ni)} - 4E^0_{tot(Mn)} - 4E^0_{tot(Ga)} - E^0_{tot(Co)}}{16} \quad (5.1)$$

$$E_{form} = \frac{E_{tot(Ni_8Mn_3Ga_4Co_1)} - 8E^0_{tot(Ni)} - 3E^0_{tot(Mn)} - 4E^0_{tot(Ga)} - E^0_{tot(Co)}}{16} \quad (5.2)$$

$$E_{form} = \frac{E_{tot(Ni_8Mn_4Ga_3Co_1)} - 8E^0_{tot(Ni)} - 4E^0_{tot(Mn)} - 3E^0_{tot(Ga)} - E^0_{tot(Co)}}{16} \quad (5.3)$$

这里 $E_{tot(Ni_7Mn_4Ga_4Co_1)}$、$E_{tot(Ni_8Mn_3Ga_4Co_1)}$ 和 $E_{tot(Ni_8Mn_4Ga_3Co_1)}$ 表示合金元素 Co 分别占 Ni 位、Mn 位和 Ga 位时单胞的基态总能量；$E^0_{tot(Ni)}$、$E^0_{tot(Mn)}$、$E^0_{tot(Ga)}$ 和 $E^0_{tot(Co)}$ 分别为纯 Ni、Mn、Ga 和 Co 块体在各自参考态下单个原子的总能量。

计算结果表明，合金元素 Co 占 Mn Ⅰ 和 Mn Ⅱ 位置的形成能相同；占 Ga Ⅰ 和 Ga Ⅱ 位置的形成能也相同。Co 占 Ni 位，Mn 位和 Ga 位的形成能分别为 −0.36eV/atom，−0.32eV/atom 和 −0.25eV/atom。根据能量最低原理，低的形成能意味着系统可以稳定存在。因此，为了降低系统的总能量，合金元素 Co 倾向于占据 Ni 的亚晶格格点。由此确定 Co 在 Ni-Mn-Ga 合金中的优先占位阵点为 Ni 的亚晶格格点。通过模拟计算得知，Ni$_8$Mn$_4$Ga$_4$（Ni$_2$MnGa）立方母相的晶格常数为 5.805Å，而 Ni$_7$Mn$_4$Ga$_4$Co$_1$ 立方母相的晶格常数为 5.799Å，与化学

计量比 $Ni_8Mn_4Ga_4$ 的晶格常数相比略为减小。综上所述，形成能决定了合金元素 Co 优先占据 Ni 的亚晶格格点，Co 占 Ni 的亚晶格格点导致合金晶格常数减小。

在确定合金元素 Co 优先占位的基础上，人们关注 Co 含量对合金的晶体结构的影响。本节计算了 $Ni_{8-x}Mn_4Ga_4Co_x$ ($x=0$, 0.5, 1, 1.5, 2) 合金奥氏体相和马氏体相的平衡晶格常数，并将结果示于图 5.2。由图 5.2(a) 可以看出，随着合金元素 Co 含量的增加，立方奥氏体相的晶格常数逐渐减小；马氏体相的晶格常数 a 增大，c 减小，代表马氏体四方程度的量 c/a 比减小，如图 5.2(b) 所示。

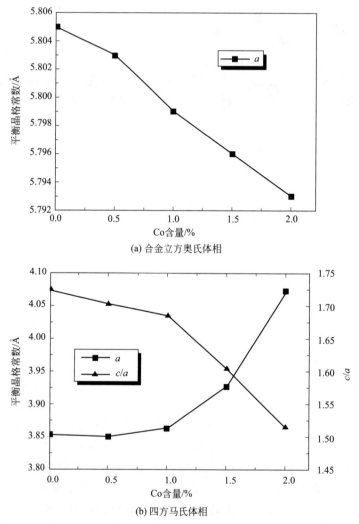

(a) 合金立方奥氏体相

(b) 四方马氏体相

图 5.2　$Ni_{8-x}Mn_4Ga_4Co_x$ ($x=0$, 0.5, 1, 1.5, 2) 合金立方奥氏体相和四方马氏体相的平衡晶格常数随 Co 含量的变化

实验上测得的 Ni-Mn-Ga 合金的晶格常数随着温度、化学成分和热处理工艺的变化而改变。对 $Ni_{8-x}Mn_4Ga_4Co_x$（$x=0,0.5,1,1.5,2$）的晶格常数的理论模拟计算，排除了实验上合金成分控制不准确及电弧炉熔炼过程中产生的成分偏析以及夹杂、气孔等缺陷的影响，从而给出纯态 $Ni_{8-x}Mn_4Ga_4Co_x$ 合金在绝对温度 0K 下的平衡晶格常数，今后的实验值可以以此为标准进行误差分析。此外，本章涉及的所有后续计算及数据分析均是在平衡晶格常数的基础上进行的。

5.2.1.2　Co 含量对居里温度的影响

对 Ni-Mn-Ga 系磁致形状记忆合金居里温度的模拟估算，一直是困扰研究者的难题。根据 Stoner 理论，顺磁态和铁磁态之间的总能差（ΔE_{tot}）可以用来估计居里温度。Velikokhatny 和 Naumov[118] 根据海森堡（Heisenberg）模型和分子场理论计算的 Ni_2MnGa 合金的居里温度与实测值相差约 10 倍，分别为 3943K 和 380K。2005 年，Chakrabarti 等人[119] 指出可以通过纯材料的实测值得到一个比例因子，进而预测不同掺杂浓度合金的居里温度。本节的主要思想就是将 Chakrabarti 等人的方法引入到 Ni-Mn-Ga-Co 合金居里温度的估算上。本节分别计算了 $Ni_{8-x}Mn_4Ga_4Co_x$（$x=0,0.5,1,1.5,2$）合金系顺磁奥氏体和铁磁奥氏体相的形成能（E_{form}），用公式（5.4）表示。

$$E_{form}=\frac{E_{tot(Ni_{8-x}Mn_4Ga_4Co_x)}-(8-x)E_{tot(Ni)}^0-4E_{tot(Mn)}^0-4E_{tot(Ga)}^0-xE_{tot(Co)}^0}{16}$$

$$(5.4)$$

这里 $E_{tot(Ni_{8-x}Mn_4Ga_4Co_x)}$ 表示 $Ni_{8-x}Mn_4Ga_4Co_x$ 单胞的基态总能量；$E_{tot(Ni)}^0$、$E_{tot(Mn)}^0$、$E_{tot(Ga)}^0$ 和 $E_{tot(Co)}^0$ 分别为纯 Ni、Mn、Ga 和 Co 块体在各自参考态下单个原子的总能量。

$Ni_{8-x}Mn_4Ga_4Co_x$ 合金系的顺磁态和铁磁态奥氏体的形成能示于图 5.3 中。顺磁奥氏体的形成能远高于铁磁奥氏体的形成能，对应于顺磁奥氏体相是高温相的事实。铁磁奥氏体比顺磁奥氏体稳定得多，它们之间的临界温度即为磁性转变点——居里温度（T_C）。由图 5.3 可以看出，随着合金元素 Co 含量的逐渐增加，顺磁奥氏体和铁磁奥氏体的稳定性均变差。

2002 年，Brown 等人[14] 使用中子衍射精确测定了 Ni_2MnGa 的居里温度为 365K，在本节的居里温度估算中指定 X0 合金的居里温度等于 365K；$|\Delta E_{tot}|$ 为通过计算得到的顺磁奥氏体与铁磁奥氏体相的总能之差的绝对值，如图 5.4 所示。

通过式（5.5）可以计算 Chakrabarti 等人提及的比例因子，并预测 X1 和 X2

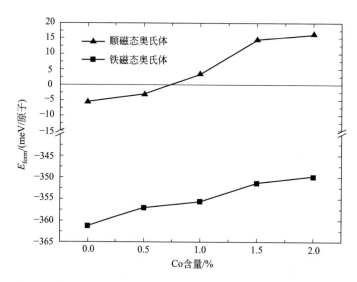

图 5.3　Ni$_{8-x}$Mn$_4$Ga$_4$Co$_x$ 合金系顺磁态和铁磁态奥氏体的形成能随 Co 含量的变化

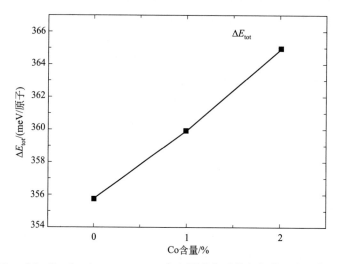

图 5.4　Ni$_{8-x}$Mn$_4$Ga$_4$Co$_x$($x=0$，1，2）合金顺磁奥氏体相与铁磁奥氏体相的总能差

合金的居里温度分别为 368K 和 376K，如图 5.5(a) 所示。

$$\frac{|\Delta E_{tot}|}{T_C}=\text{cons} \tag{5.5}$$

　　由于没有与本计算成分完全一致的实验数据，故选用最接近成分的实验结果与计算值做比较。Cong 等人用差示扫描量热计（DSC）所测得的居里温度随 Co 含量变化示于图 5.5。预测的居里温度随 Co 含量增加而升高的程度与实验趋势相比偏低。计算值偏低的原因可能与未考虑居里温度之上局域化的自旋磁矩和以自旋波形式存在的基本激发的贡献有关。即便如此，仅从顺磁奥氏体与铁磁奥氏体的总能差（ΔE_{tot}）的计算结果仍然可以得出如下结论：居里温度随着合金元素 Co 含量的增加而升高，这与实验观察结果相一致。

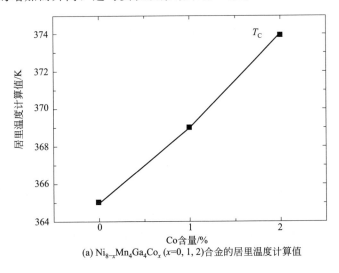

(a) $Ni_{8-x}Mn_4Ga_4Co_x$ ($x=0, 1, 2$) 合金的居里温度计算值

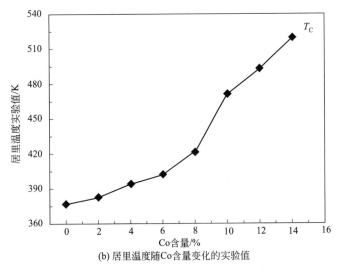

(b) 居里温度随Co含量变化的实验值

图 5.5　$Ni_{8-x}Mn_4Ga_4Co_x$ ($x=0$，1，2) 合金的居里温度计算值和居里温度随 Co 含量变化的实验值

5.2.1.3　Co 含量对磁性能和电子态密度的影响

为了衡量 Co 含量对 Ni-Mn-Ga-Co 合金磁性能的影响，本节计算了 Ni_{8-x} $Mn_4Ga_4Co_x$（$x=0$，0.5，1，1.5，2）合金奥氏体相的各原子磁矩及总磁矩，并

将结果列于表 5.1。从表 5.1 可以看出，Co 的原子磁矩明显强于 Ni 的原子磁矩（约为 Ni 原子磁矩的 3 倍），由此导致合金的总磁矩随 Co 含量增加而逐渐增大。

表 5.1　$Ni_{8-x}Mn_4Ga_4Co_x$ ($x=0$, 0.5, 1, 1.5, 2) 合金奥氏体相的各原子磁矩及总磁矩

X	M_{Ni}/μ_B	M_{Mn}/μ_B	M_{Ga}/μ_B	M_{Co}/μ_B	M_{tot}/μ_B
0	0.359	3.522	-0.058		4.224
0.5	$0.340 \sim 0.479$	$3.477 \sim 3.521$	$-0.062 \sim -0.058$	1.243	4.331
1	$0.338 \sim 0.511$	$3.472 \sim 3.481$	-0.061	1.265	4.436
1.5	$0.338 \sim 0.473$	$3.433 \sim 3.478$	$-0.066 \sim -0.061$	$1.194 \sim 1.242$	4.534
2	$0.338 \sim 0.511$	$3.472 \sim 3.481$	-0.061	1.265	4.637

此外，图 5.6 为 $Ni_{8-x}Mn_4Ga_4Co_x$ 合金母相奥氏体的晶格常数及总磁矩随 Co 含量的变化。从图 5.6 可以明显看出，随着 Co 含量的增加母相奥氏体的晶格常数逐渐减小，而奥氏体总磁矩的变化则完全相反。从这点可以推断，除 Co 的原子磁矩强于被替代的 Ni 原子磁矩的原因外，晶格常数减小而导致的 Mn 与 Ni 和 Co 的价电子之间交互作用增强，亦贡献于总磁矩的增加。

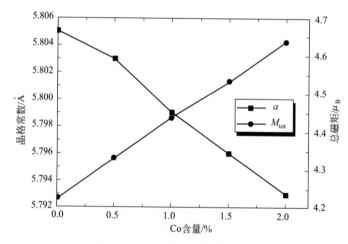

图 5.6　$Ni_{8-x}Mn_4Ga_4Co_x$ 合金的晶格常数及总磁矩随 Co 含量的变化

为了进一步分析合金磁性随 Co 含量增加而增强的原因，本节使用带有 Blöchl 修正的四面体方法，平衡晶格常数和优化的内置参数的基础上，计算 $Ni_{8-x}Mn_4Ga_4Co_x$ ($x=0$, 1, 2) 合金电子自旋态密度，并示于图 5.7。

对比图 5.7(a)~(c) 可以看出，随着 Co 含量的提高，电子态密度的主要差异在于自旋向下部分略低于费米面（$-0.2eV$）的峰强度逐渐降低，这主要是由 Co 原子比 Ni 原子少一个价电子所致。

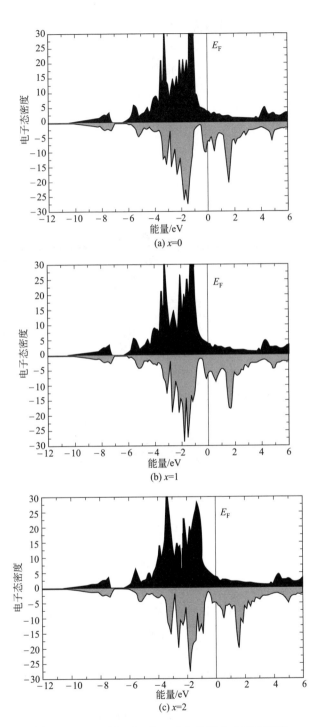

图 5.7　$Ni_{8-x}Mn_4Ga_4Co_x$ 合金自旋总电子态密度

对于 $x = 0$、1 和 2，总磁矩分别为 $4.224\mu_B$、$4.436\mu_B$ 和 $4.637\mu_B$（示于表 5.1）。通过比较自旋向上和自旋向下的电子态密度，应注意到合金总磁矩的差异是由自旋向上和向下电子数之差的变化所引起。随着 Co 含量的增大，费米面附近自旋向下的（-0.2eV）电子态密度逐渐减小（如箭头所示），但是自旋向上的部分几乎不变，这就导致自旋向上与自旋向下的电子数之差增大，这即是 $Ni_{8-x}Mn_4Ga_4Co_x$ 合金总磁矩随 Co 含量增加而增强的本质原因。

以 $Ni_7Mn_4Ga_4Co_1$ 合金为例说明 Ni-Mn-Ga-Co 合金的自旋分波态密度，见图 5.8。

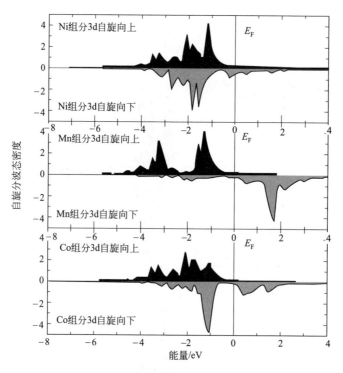

图 5.8 $Ni_7Mn_4Ga_4Co_1$ 合金的自旋分波态密度图

图 5.8 中 Ni、Mn 和 Co 组分的 3d 态密度被分开显示，分波态密度由位于 -5eV 和费米面之间的 Ni、Mn 和 Co 自旋向上 3d 态电子成键支配。Ni 和 Co 组分的 3d 自旋向上态密度非常相似（主峰的位置重合）。这种效应是 Ni 和 Co 原子之间电子能级杂化的结果。自旋向下的 Ni 3d 态有两个主峰，分别位于 -1.83eV 和 -1.56eV 处，并且在费米面附近（-0.2eV）分布有相当程度的态密度。Mn 的自旋向上 3d 态被完全占据，并且位于 -3.2eV 和 -1.2eV 的 t_{2g} 和 e_g 电子态清楚地分离开。从图 5.8 的中间图可以看出，自旋向下的 Mn 3d 态支配费米面之上的反键区，主峰处于 1.8eV 处，在费米面之下仅有很小的贡献。

自旋向下的 Co 3d 态在 $-1.2eV$ 处存在一个主峰。不同于自旋向上的部分,自旋向下的 Co 3d 态的态密度峰的位置与自旋向下的 Ni 的不完全吻合,即自旋向下的电子能级杂化程度比较低。

本节的主旨在于对添加 Co 而导致的合金居里温度升高以及磁性能的增强给出有力的理论解释及支撑,并最终达到对开发高性能磁致形状记忆合金提供理论依据的目的。根据本章的计算结果,添加 Co 可以使合金的居里温度单调升高,这与实验趋势相吻合。但是根据实验观察结果,添加 Co 元素会导致合金中析出第二相 γ 相,并且第二相的析出量随添加 Co 含量的增加而增多。少量的 γ 相可以起到改善合金高脆性的作用,但是大量的第二相析出将严重损害合金的磁致应变效应,即磁致形状记忆效应。如何在高的居里温度和少量的 γ 相析出以及优良的磁致形状记忆效应之间达到最优化的性能,实验上需要通过大量反复的摸索,这将耗费大量的人力物力。通过对 Ni-Mn-Ga-Co 合金的第二相 γ 相和磁致应变的模拟计算,可以有效地预测具有最优性能的合金成分范围,最终达到成分设计并指导实验的目的。

综上所述,采用第一性原理计算研究了合金元素 Co 的优先占位并系统地模拟计算了 Co 含量对 $Ni_{8-x}Mn_4Ga_4Co_x$($x=0$,0.5,1,1.5,2)合金的晶体结构、磁性能、相稳定性、居里温度以及电子结构的影响,得到的主要结论如下:

① 合金化的第四组元 Co 优先占据合金中 Ni 的亚晶格格点。随着 Co 含量的增加,奥氏体母相的平衡晶格常数减小;而四方马氏体相的 a 增加,c 减小,导致马氏体四方程度 c/a 比降低。

② 用 Co 取代 Ni 会导致奥氏体结构不稳定性增加。随着 Co 含量的增加,顺磁奥氏体与铁磁奥氏体相的总能之差增大从本质上导致了合金居里温度 T_C 的升高。

③ 费米面附近自旋向下的总电子态密度逐渐降低,而自旋向上的部分几乎不变,导致自旋向上与自旋向下的电子数之差增大,这是 Co 含量增加而合金总磁矩增大的本质原因。

④ Ni、Mn 和 Co 的 3d 自旋向上分波电子态密度的高度杂化支配费米面之下的成键区,而 Mn 的 3d 自旋向下分波电子态密度则支配费米面之上的反键区。

5.2.2　Cu 含量对 Ni-Mn-Ga 合金的影响

最近的研究表明,在 Ni-Mn-Ga 合金中添加第四组元 Cu 可以通过强化单相晶界而使合金韧性得到显著增强。另外,关于 Ni-Mn-Ga-Cu 合金的晶体结构、马氏体相变、磁性能、高温磁塑效应以及磁致热效应的研究也有相应的报道[120-128]。文献中实验结果表明[121,123,129],随着 Cu 元素的添加,马氏体相变温度（T_m）显著升高，而居里温度（T_C）略微减小。为了能进一步理解实验规律的本质和更深层次解释实验现象的机理，以及更好地开展对 Ni-Mn-Ga-Cu 铁磁形状记忆合金的研究，明确揭示四元合金中 Cu 的优先占位以及从根本上理解添加 Cu 导致马氏体相变温度升高、居里温度降低和合金磁性能变化的原因，成为亟待解决的问题。

本节系统地研究了 Cu 含量对 $Ni_8Mn_{4-x}Ga_4Cu_x$（$x = 0$，0.5，1，1.5，2）铁磁形状记忆合金的晶体结构，相稳定性、居里温度、马氏体相变温度、磁性能以及电子结构的影响，旨在解释实验规律和阐明实验机理，对添加 Cu 而导致的马氏体相变温度的升高和居里温度的降低给出有力的理论解释及支撑，以期对开发高性能铁磁形状记忆合金提供理论依据。为叙述方便，本工作将 $Ni_8Mn_{4-x}Ga_4Cu_x$（$x = 0$，0.5，1，1.5，2）合金根据 Cu 含量分别命名为 X0、X0.5、X1、X1.5 和 X2。

5.2.2.1　优先占位和结构优化

为了确定合金元素 Cu 在 Ni-Mn-Ga 合金中的优先占位，为四元 Ni-Mn-Ga-Cu 合金建立正确的结构模型，首先从形成能的角度出发研究合金元素 Cu 的优先占位情况。

形成能 E_{form} 是固态物质相稳定性的表征方式，被定义为化合物的基态总能减去相关元素在它们的纯金属块体参考态下的总能，并将所有的能量归一化。首先用一个 Cu 原子分别替代 $Ni_8Mn_4Ga_4$ 单胞中的 Ni 原子、Mn 原子和 Ga 原子，所对应的形成能分别为 -222.956meV/atom、-254.648meV/atom 和 -190.359meV/atom。低的形成能意味着系统可以更稳定地存在。因此，形成能的计算结果表明，添加的第四组元 Cu 占据 Mn 位时会使总能量降低，系统处于最稳定的状态，所以 Cu 在 Ni-Mn-Ga 合金中的优先占位确定为 Mn 位。

在此情况下，不能排除反占位情况的存在。比如，有可能 Cu 占据 Ni 晶位，而等量的 Ni 占据 Mn 晶位，从而形成（$Cu_{Ni} + Ni_{Mn}$）反位缺陷对，可能系统总能量会更低。在 Heusler 合金中，这也是一种重要的占位形式。因此，进一步计算了掺杂 Cu 时形成（$Cu_{Ni} + Ni_{Mn}$）或（$Cu_{Ga} + Ga_{Mn}$）反位缺陷对的情况。经计算得到形成（$Cu_{Ni} + Ni_{Mn}$）或（$Cu_{Ga} + Ga_{Mn}$）反位缺陷对时的系统基态总能量分别为 -5.607eV/atom 或 -5.611eV/atom，相比于 Cu 直接占 Mn 晶位的情况（-5.635eV/atom）均略高。依据能量最低原则，掺杂的 Cu 原子在 Ni_2MnGa 合金中的优先占位为直接占据 Mn 晶位。

在确定了第四组元 Cu 的优先占位基础上，进一步研究了 Cu 含量对晶体结构和磁性能的影响。表 5.2 所示为 $Ni_8Mn_{4-x}Ga_4Cu_x$（$x = 0$，0.5，1，1.5，2）合金立方奥氏体和四方非调制马氏体两相的平衡晶格常数及总磁矩，文献报道中采用实验方法测得的 Ni_2MnGa 平衡晶格常数和采用第一原理计算得到的总磁矩作为对照也列于表 5.2。由表 5.2 可以看出，随着合金元素 Cu 含量的增加，立方奥氏体相的平衡晶格常数略微减小，这主要是由 Cu 的原子半径（0.157nm）小于 Mn 的原子半径（0.179nm）所致。对于非调制马氏体相，随着 Cu 含量的增加，平衡晶格常数 a 减小，而 c 增大，导致 c/a 比逐渐增大，表征四方结构的畸变度的增大。此外，随着 Cu 含量的增加，$Ni_8Mn_{4-x}Ga_4Cu_x$（$x=0$，0.5，1，1.5，2）合金奥氏体和马氏体两相的总磁矩均减小，这是由于强铁磁性的 Mn（$3.3\mu_B$）被顺磁性的 Cu 取代所致。

表 5.2　$Ni_8Mn_{4-x}Ga_4Cu_x$（$x=0$，0.5，1，1.5，2）
合金立方奥氏体和四方非调制马氏体的平衡晶格常数及总磁矩

X	相	a/nm	c/nm	c/a	Magnetic moment/μ_B
0	立方	0.5794(5.823)			4.024(4.17,4.27)
	四方	0.3845(3.852)	0.6568(6.580)	1.708(1.708)	4.057
0.5	立方	0.5787			3.547
	四方	0.3821	0.6641	1.738	3.566
1	立方	0.5782			3.108
	四方	0.3814	0.6623	1.736	3.094
1.5	立方	0.5775			2.633
	四方	0.3803	0.6648	1.748	2.571
2	立方	0.5764			2.175
	四方	0.3782	0.6672	1.764	2.004

5.2.2.2　相稳定性

为了研究添加第四组元 Cu 对 Ni-Mn-Ga 合金相稳定性的影响，采用如下公式分别计算了 $Ni_8Mn_{4-x}Ga_4Cu_x$（$x=0$，0.5，1，1.5，2）合金顺磁性和铁磁性奥氏体的形成能

$$E_{form} = \frac{E_{tot(Ni_8Mn_{4-x}Ga_4Cu_x)} - 8E_{Ni}^0 - (4-x)E_{Mn}^0 - 4E_{Ga}^0 - xE_{Cu}^0}{16} \quad (5.6)$$

其中，$E_{tot(Ni_8Mn_{4-x}Ga_4Cu_x)}$ 表示 $Ni_8Mn_{4-x}Ga_4Cu_x$ 合金的基态总能量；E_{Ni}^0、E_{Mn}^0、E_{Ga}^0 和 E_{Cu}^0 分别表示纯物质 Ni、Mn、Ga 和 Cu 的每个原子的基态总能量。计算结果如图 5.9 所示。从图 5.9 可以看出，顺磁奥氏体的形成能远高于铁磁奥氏体的形成能，对应于顺磁奥氏体相是高温相的事实。铁磁奥氏体比顺磁奥氏体稳定的多，它们之间的临界温度即为磁性转变点——居里温度（T_C）。随着合金

元素 Cu 含量的逐渐增加，顺磁奥氏体的形成能逐渐降低，即对应其稳定性的提高；而铁磁奥氏体的形成能逐渐升高，对应其相稳定性变差。

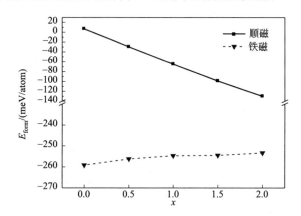

图 5.9　$Ni_8 Mn_{4-x} Ga_4 Cu_x$（$x=0$，0.5，1，1.5，2）
合金顺磁性奥氏体相和铁磁性奥氏体相的形成能

为了研究添加第四组元 Cu 对 $Ni_8 Mn_{4-x} Ga_4 Cu_x$（$x=0$，0.5，1，1.5，2）合金居里温度和马氏体相变温度的影响规律，计算了顺磁奥氏体与铁磁奥氏体的基态总能量的差值（ΔE_1）以及铁磁奥氏体与非调制马氏体的基态总能量的差值（ΔE_2），计算结果见表 5.3。

通过纯材料的实测值得到一个比例因子，进而预测不同掺杂浓度合金的居里温度。2002 年，中子衍射实验精确测定了 $Ni_2 MnGa$ 的居里温度为 365K，在本工作的居里温度估算中指定 X0 合金的居里温度等于 365K；通过公式（5.7）可以计算 Chakrabarti 等提及的比例因子，并预测合金 X0.5、X1、X1.5 和 X2 的 T_C 分别为 311K、260K、213K 和 173K。

$$\frac{|\Delta E_1|}{T_C} = k \tag{5.7}$$

式中，ΔE_1 为顺磁奥氏体与铁磁奥氏体相的基态总能量的差值；T_C 为居里温度；k 为常数。

因此，可以得出结论：随着 Cu 含量的升高，$Ni_8 Mn_{4-x} Ga_4 Cu_x$（$x=0$，0.5，1，1.5，2）合金的 T_C 将逐渐降低。这一变化趋势与目前文献报道中采用实验方法测得的结果相一致，成功地通过能量计算为该实验现象的内在本质提供了理论解释。

Ni-Mn-Ga 合金中的奥氏体与马氏体相之间的能量差（ΔE_2）经常被用于预测马氏体相变温度。从表 5.3 可以看出，在合金元素 Cu 逐渐取代 Mn 的过程中，ΔE_2 逐渐增大。马氏体相变温度 T_m 的变化与 ΔE_2 有着密切的联系，较大的 ΔE_2 意味着奥氏体与马氏体两相之间的能量差较大，即能够提供的相变驱动力较大，从而表现出较高的 T_m。因此，可以得出结论：随着 Cu 含量的增加，$Ni_8Mn_{4-x}Ga_4Cu_x$（$x=0$，0.5，1，1.5，2）合金的马氏体相变温度将逐渐升高。这一结论趋势，也与文献报道中的实验结果相一致。

表 5.3　$Ni_8Mn_{4-x}Ga_4Cu_x$（$x=0$，0.5，1，1.5，2）
合金顺磁和铁磁奥氏体及非调制马氏体的基态总能量

X	E_{tot}/eV			$\Delta E_1/eV$	预测 T_C/K	$\Delta E_2/eV$
	顺磁奥氏体	铁磁奥氏体	非调制马氏体			
0	−91.2143	−95.4713	−95.5339	4.2570	365	0.0626
0.5	−89.1821	−92.8067	−92.8845	3.6247	311	0.0778
1	−87.1279	−90.1651	−90.2773	3.0372	260	0.1122
1.5	−85.0584	−87.5453	−87.6700	2.4869	213	0.1247
2	−82.9336	−84.9459	−85.1345	2.0123	173	0.1886

5.2.2.3　电子态密度

为了进一步探究添加的第四组元 Cu 对 Ni-Mn-Ga 合金电子结构和磁性能的影响，用带有 Blöchl 修正的四面体方法，在前述的平衡晶格常数和优化的各内在参数的基础上，计算了合金 X0、X1 和 X2 立方结构奥氏体的电子自旋总态密度，如图 5.10 所示。费米能级（E_F）设为坐标零点，同时作为一个参考值。

对于合金 X0、X1 和 X2，总磁矩分别为 $4.024\mu_B$、$3.108\mu_B$ 和 $2.175\mu_B$（表5.3）。由图 5.10(a)～(c) 可见，比较自旋向上与自旋向下的电子态密度，注意到合金总磁矩的差异是由能量低于 E_F 的成键区自旋向上与自旋向下电子数之差的变化所引起。在一个单胞中，合金 X0、X1 和 X2 在成键区自旋向上与自旋向下的电子数之差分别为 15.477、13.283 和 8.962，这一变化直接导致了 $Ni_8Mn_{4-x}Ga_4Cu_x$ 合金的总磁矩随 Cu 含量增加而降低。

以合金 X1 为例说明 Ni-Mn-Ga-Cu 合金的自旋分波态密度，如图 5.11 所示，图中 N、Mn 和 Cu 的 3d 态密度被分开显示。在 −5eV 和 E_F 之间，Ni、Mn 和 Cu 的自旋向上态密度在某些峰位上重合（例如 −1eV 和 −2.7eV），这种效应是 Ni、Mn 和 Cu 原子之间 3d 电子能级杂化所致。从图 5.11 的中间图可以看出，Mn 自旋向下的 3d 态电子支配 E_F 之上的区域，主峰处于 1.8eV 处。

综上所述，采用第一性原理计算，系统地研究了 Cu 含量对 $Ni_8Mn_{4-x}Ga_4Cu_x$（$x=0$，0.5，1，1.5，2）铁磁形状记忆合金的晶体结构、相稳定性、居里温度、马氏体相变温度、磁性能以及电子结构的影响，得到的主要结论如下。

① 添加的第四组元 Cu 优先占据 Mn 的亚晶格格点。

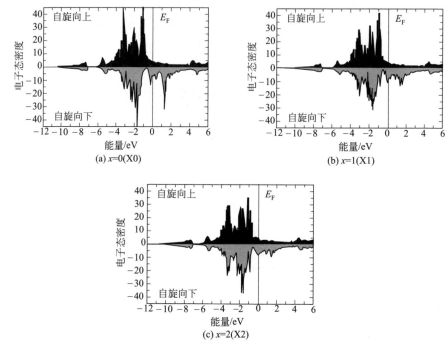

图 5.10　电子自旋总态密度图

② Ni-Mn-Ga-Cu 合金铁磁奥氏体比顺磁奥氏体更为稳定，并且随着 Cu 含量的增加，铁磁奥氏体的相稳定性逐渐减弱，而顺磁奥氏体的相稳定性逐渐增强。

③ 合金的居里温度 T_C 随 Cu 含量的增加而降低，这是由顺磁奥氏体与铁磁奥氏体两相之间的基态总能量的差值减小所致。而实验上观测到马氏体相变温度 T_m 随 Cu 含量的增加而升高的现象，本质上是由于铁磁奥氏体与非调制马氏体两相之间的基态总能量的差值增大，从而提高了马氏体相变的驱动力所致。

④ Ni-Mn-Ga-Cu 合金的磁性能随 Cu 含量的增加而减弱。电子态密度的结果显示：成键区自旋向上与自旋向下的电子数之差随 Cu 含量的增加而逐渐减小，这是磁性能随 Cu 含量的增加而减弱的本质原因。

5.2.3　Ti 含量对 Ni-Mn-Ga 合金的影响

近期的研究表明[130]，在合适的时效处理下，Ti 掺杂可以析出适量的 Ni_3Ti 析出物而显著提高 Ni-Mn-Ga 合金的压缩强度和延展性。断口形貌观察表明，晶间断裂和穿晶断裂的混合方式是 $Ni_{53}Mn_{23.5}Ga_{18.5}Ti_5$ 合金力学性能改善的主要原因[131]。Dong 等人[132]观察到居里温度和饱和磁化强度均随 Ti 含量的增加而

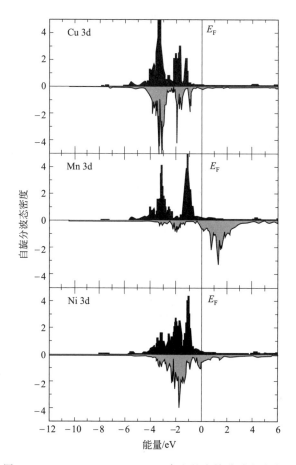

图 5.11　$Ni_8 Mn_3 Ga_4 Cu_1$（X1）合金的自旋分波态密度图

降低。Gao 等人[133]通过第一原理计算从奥氏体和马氏体之间的总能量差的角度阐明了 $Ni_{50} Mn_{25} Ga_{25-x} Ti_x$ 合金的马氏体相变温度随 Ti 含量增加而降低的原因。

本节的主要目的是通过第一性原理计算研究 $Ni_8 Mn_{4-x} Ga_4 Ti_x$（$x=0$，0.5，1，1.5，2）合金中 Ti 掺杂对合金相稳定性、磁性能和电子结构的影响规律和作用机理，旨在解释实验现象和阐明相关机理，力图对实验观察到的掺杂 Ti 而导致的居里温度和磁性能的降低给出理论解释及支撑。

5.2.3.1　优先占位和结构优化

为了建立正确的 Ni-Mn-Ga-Ti 四元合金的晶体结构模型，我们首先研究了掺杂的 Ti 元素在 $Ni_2 MnGa$ 里的优先占位情况。通常用形成能 E_{form} 来表征固态物质的相稳定性，掺杂的 Ti 原子在 $Ni_2 MnGa$ 单胞中有三个可能的占位：Ni 位、Mn 位或 Ga 位，如图 5.1 所示，所对应的形成能 E_{form} 分别为 -242.43meV/atom，-324.30meV/atom 和 -234.27meV/atom。低的形成能意味着系统可以更稳定地存在，即优先占位。因此，形成能结果表明 Ti 原子倾向于占据 Ni_2MnGa 合金中的 Mn 位。

在确定了 Ti 在 Ni_2MnGa 合金中的优先占位之后，系统地计算了 $Ni_8Mn_{4-x}Ga_4Ti_x$（$x=0$，0.5，1，1.5，2）合金的铁磁奥氏体（FA）和非调制马氏体相（NM）的平衡晶格常数，结果列于表 5.4 中。可以看出，Ni_2MnGa 的计算结果与文献报道的实验值吻合得很好。

从表 5.4 可以看出，随着 Ti 含量的增加，铁磁奥氏体相的晶格常数逐渐增大，这主要是由 Ti 的原子半径（2.00Å）大于所取代的 Mn（1.79Å）的原子半径所致。而对于非调制马氏体相，晶格常数 a 增加，c 减小，导致晶格四方度 c/a 比降低。

表 5.4　$Ni_8Mn_{4-x}Ga_4Ti_x$（$x=0$，0.5，1，1.5，2）
合金的铁磁奥氏体（FA）和非调制马氏体相（NM）的平衡晶格参数

X	相	平衡晶格常数		
		$a/\text{Å}$	$c/\text{Å}$	c/a
0	FA	5.794(5.823[116])		
	NM	3.794(3.852[117])	6.736(6.580[117])	1.775(1.708[34])
0.5	FA	5.806		
	NM	3.846	6.598	1.716
1	FA	5.817		
	NM	3.909	6.417	1.642
1.5	FA	5.830		
	NM	4.104	5.892	1.436
2	FA	5.842		
	NM	4.125	5.840	1.416

5.2.3.2　相稳定性和居里温度

通过计算得到 $Ni_8Mn_{4-x}Ga_4Ti_x$（$x=0$，0.5，1，1.5，2）合金的顺磁和铁磁奥氏体相的形成能随 Ti 含量的变化，并将结果示于图 5.12。从图 5.12 可以看出，顺磁奥氏体的 E_{form} 远高于铁磁态，这与顺磁奥氏体是高温相的事实相一致。顺磁和铁磁两相之间的临界温度即居里温度（T_C）。当 Ti 含量逐渐增加时，无论是顺磁还是铁磁态，其形成能均逐渐降低，表明稳定性均有所提高。

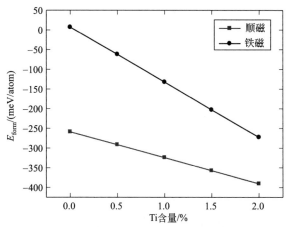

图 5.12　$Ni_8 Mn_{4-x} Ga_4 Ti_x$（$x=0$, 0.5, 1, 1.5, 2）
合金的顺磁和铁磁奥氏体相的形成能

　　中子衍射实验精确测定了 Ni_2MnGa 的居里温度为 365K，在本文对居里温度的估算中指定 X0 合金的居里温度等于 365K；ΔE_{tot} 为通过计算得到的顺磁奥氏体与铁磁奥氏体相的总能之差，详见表 5.5 所示。通过 $|\Delta E_{tot}|/T_C = cons$ 可以计算 Chakrabarti 等人提及的比例因子，并预测 X0.5、X1、X1.5 和 X2 合金的居里温度分别为 314K、263K、212K 和 162K，见表 5.5。本节对居里温度的估算是在不考虑居里温度之上局域化的自旋磁矩和以自旋波形式存在的基本激发的情况下，仅从顺磁奥氏体与铁磁奥氏体的总能差（ΔE_{tot}）的角度得到的结论，即 $Ni_8 Mn_{4-x} Ga_4 Ti_x$（即 Ti 掺杂含量为 0~12.5%）合金的居里温度随着 Ti 含量的增加而显著降低（从 365K 降低至 162K，详见表 5.5）。而文献基于 $Ni_{53} Mn_{23.5} Ga_{23.5-x} Ti_x (0 \leqslant x \leqslant 5\%)$ 合金得到随着 Ti 含量的逐渐增加，合金的居里温度从约 349K 急剧降低至 252K。本文对居里温度的估算结果与实验观察结果相一致，从理论上解释了该合金的居里温度随 Ti 含量升高而降低的物理本质为顺磁奥氏体与铁磁奥氏体的总能量之差的减小，即磁性转变的驱动力降低。但是居里温度急剧降低不利于实际应用，因此在实验中应严格控制 Ti 元素的添加量。

表 5.5　$Ni_8 Mn_{4-x} Ga_4 Ti_x$（$x=0$, 0.5, 1, 1.5, 2）合金顺磁和铁磁
奥氏体（$E_{tot(PA)}$ 和 $E_{tot(FA)}$）的总能量和二者的能量差，以及估算的居里温度

X	$E_{tot(PA)}/eV$	$E_{tot(FA)}/eV$	$\Delta E_{tot}/eV$	预测 $T_C/\text{℃}$
0	−91.214	−95.471	4.257	365K
0.5	−91.708	−95.375	3.667	314K
1	−92.222	−95.290	3.069	263K
1.5	−92.740	−95.211	2.471	212K
2	−93.239	−95.127	1.888	162K

5.2.3.3 磁性能和电子态密度

为了探究了 Ti 掺杂对 $Ni_8Mn_{4-x}Ga_4Ti_x$（$x=0$，0.5，1，1.5，2）合金磁性能的影响规律，奥氏体母相的原子磁矩和总磁矩的计算结果列于表 5.6 中，并与文献的数值进行比较。

从表 5.6 可以看出，Mn 是磁矩的主要携带者（约 $3.3\mu_B$），而 Ga 和 Ti 的磁矩几乎为零。由于 Ti 的原子磁矩远小于 Mn 的原子磁矩。因此，当 Mn 逐渐被 Ti 取代时，合金的总磁矩显著降低，这也与实验观察结果相一致。此外，Ni 的原子磁矩从 $0.35\mu_B$（X0）急剧下降到约 $0.1\mu_B$（X2），这主要是由 Mn 含量降低引起的近邻的 Ni 和 Mn 之间 3d 电子相互作用减弱所致。在实验中应合理控制 Ti 元素的添加量，既要确保 Ti 掺杂可以析出适量的 Ni_3Ti 弥散析出物以提高合金的力学性能，又要保证合适的居里温度和磁性能以利于实际应用。

表 5.6 $Ni_8Mn_{4-x}Ga_4Ti_x$（$x=0$，0.5，1，1.5，2）合金
奥氏体相的原子磁矩和总磁矩

X	M_{Ni}/μ_B	M_{Mn}/μ_B	M_{Ga}/μ_B	M_{Ti}/μ_B	M_{tot}/μ_B
0	0.350 ($0.36^{[118]}$)	3.326 ($3.43^{[118]}$)	−0.054 ($−0.04^{[118]}$)		4.024 ($4.17^{[118]}$，$4.27^{[119]}$)
0.5	0.217～0.352	3.305～3.375	−0.060～−0.024	−0.083	3.474
1	0.193～0.204	3.258～3.390	−0.078～−0.021	−0.124	2.837
1.5	0.108～0.207	3.294～3.380	−0.061～−0.017	−0.108～−0.012	2.360
2	0.097～0.102	3.303	−0.045～−0.018	−0.055	1.811

为了进一步阐明 Ti 掺杂对合金的电子结构和磁性能的影响，本节在前述平衡晶格常数的基础上，用带有 Blöchl 修正的四面体方法，计算了 X0、X1 和 X2 合金的电子自旋总态密度和分波态密度（Density Of States，DOS），分别如图 5.13 和图 5.14 所示。费米能级（E_F）被设置为坐标零点。

通过比较图 5.13(a)～(c) 中的自旋向上和自旋向下的电子态密度，应注意到合金总磁矩的差异是由费米面以下自旋向上和自旋向下电子数之差的变化所引起。自旋向上的电子态密度（$-3.5～-1$eV）的强度随着 Ti 含量的增加而显著减小（如图 5.13 中虚线圈所示），费米面以下的自旋向下部分变化不明显，从而导致自旋向上与自旋向下的电子数之差减小（对于 X0、X1 和 X2 合金，自旋向上和自旋向下的电子态密度之差分别为 15.477、11.938 和 7.295 个电子），这是 Ti 含量增加而合金总磁矩显著降低的本质原因（X0、X1 和 X2 合金的总磁矩分别为 $4.024\mu_B$、$2.837\mu_B$ 和 $1.811\mu_B$，见表 5.6）。

图 5.14 将 $Ni_8Mn_{4-x}Ga_4Ti_x$（$x=0$，1，2）合金的 Ni、Mn 和 Ti 三组分的

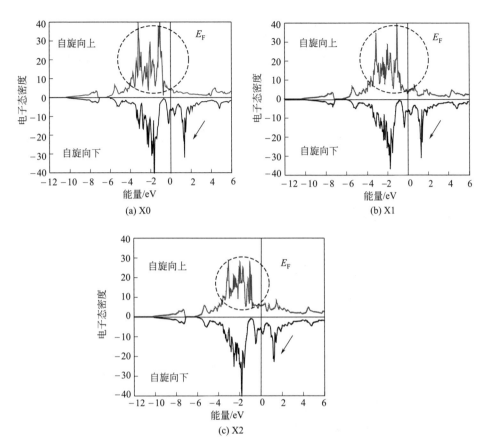

图 5.13　$Ni_8 Mn_{4-x} Ga_4 Ti_x$ 合金奥氏体母相的自旋总电子态密度

3d 电子态密度分开显示。费米面之下，分波态密度主要由位于 $-4eV$ 和费米面之间的 Ni 和 Mn 的 3d 态电子成键支配，Ti 的 3d 态也有少量贡献。在费米面之下 Ti 和 Ni 组分的 3d 自旋向上态密度的主峰位置重合（约 $-2eV$ 处），这种效应是 Ti 和 Ni 原子之间 3d 电子能级杂化的结果。在费米面之上，Ti 组分的 3d 自旋向上态密度有两个主峰，分别位于约 0.8eV 和 1.5eV 处。而 Mn 和 Ti 的 3d 自旋向下态在费米能级以上占主导地位，主峰位于 1.3eV 处。此外，在自旋向下总态密度图中观察到随 Ti 含量增加，位于 1.3eV 处的主峰强度逐渐降低（对应图 5.13 总态密度图中箭头所示），这主要是由 Ti 组分的 3d 分波态密度变化所致。

通过对 $Ni_8 Mn_{4-x} Ga_4 Ti_x(x=0，0.5，1，1.5，2)$ 铁磁形状记忆合金的形成能、磁性能和电子结构的第一性原理计算，我们得出以下结论：

① 形成能结果表明，根据能量最低原理，添加的 Ti 优先占据 $Ni_2 MnGa$ 合金中的 Mn 位。随着 Ti 含量的增加，奥氏体母相的平衡晶格常数逐渐增加；而

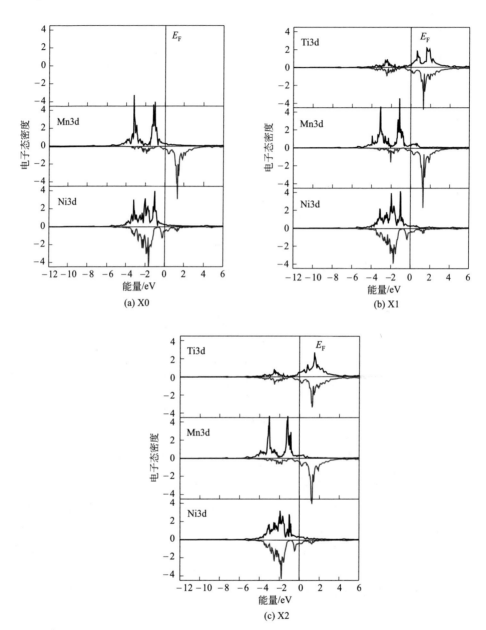

图 5.14　$Ni_8Mn_{4-x}Ga_4Ti_x$ 合金奥氏体母相的自旋分波态密度

四方马氏体相的 a 增加，c 减小，导致马氏体四方度 c/a 比降低。

②　用 Ti 取代 Mn 会导致顺磁和铁磁奥氏体相稳定性升高。随着 Ti 含量的增加，顺磁奥氏体与铁磁奥氏体相的总能之差减小从本质上导致了实验观察到的合金居里温度 T_C 的降低。

③ 随着 Ti 含量的逐渐增加，费米面以下自旋向上总电子态密度逐渐降低，而自旋向下的部分几乎不变，导致自旋向上与自旋向下的电子数之差减小，这是 Ti 含量增加而合金总磁矩降低的本质原因。在实验中应合理控制 Ti 元素的添加量，既要确保 Ti 掺杂可以析出适量的 Ni_3Ti 弥散析出物以提高合金的力学性能，又要保证合适的居里温度和磁性能以利于实际应用。

材料的量子理论基础

1　多体问题

从基本量子力学中得到的固态系统的性质是令人满意的。波函数包含系统的全部信息。原则上，它可以通过求解薛定谔方程得到：

$$H\psi = E\psi \tag{1}$$

其中 H 是哈密尔顿算符，E 是 N 个粒子系统的总能。然而，波函数依赖于所有粒子的坐标和自旋，所以这是一个包含 $4N$ 个变量的函数。由于在凝聚态物质中粒子系统的量级是 10^{23}，所以精确求解方程(1) 是不可能的。因此，需要引进一些近似方法来解决多体问题。

首先，绝热近似或博恩-奥本海默近似对原子核和电子自由度进行了解耦。原子核比电子重数个量级，所以电子能对原子核的运动迅速作出反应。因此，可以将原子核视为电子系统的外加势场，并将原子核的位置作为变量解决电子部分。尽管薛定谔方程只对电子求解，大多数情况下粒子数仍然太大，这样就不得不进一步地引进近似方法。

基本上有两种不同的方法解决这个问题。第一个，构造一些近似波函数，例如 Hartree 和 Hartree-Fock 近似。这种方法将多体完全波函数 $\psi(r_1, r_2, \cdots, r_n)$ 表达为单体波函数 $\psi(r_1), \psi(r_2), \cdots, \psi(r_n)$。在 Hartree 近似[1]中，单粒子波函数的乘积得到 N 个单粒子的方程。然而，这种多体波函数不服从泡利不相容原理，使得 Hartree 近似的理论基础是不健全的。Hartree-Fock 方法[2,3]将多体波函数表达为单粒子波函数的斯莱特行列式的形式，从而满足了泡利不相容原理。然而，此近似方法下得到的方程比相应的 Hartree 方程更加难以解决，同时 Hartree-Fock 近似中仍然缺少重要的物理基础。可以用一系列的斯莱特行列式构建出超越 Hartree-Fock 近似的波函数，然而计算的负担成倍增加，因此只有研究非常小的系统。

另一种解决多体问题可选的办法是由托马斯[4]和费米[5]最早提出的，他们用电子密度代替波函数阐明多体问题。由于密度仅是三个空间坐标的函数，这样就使得系统的自由度数目大幅下降。Thomas-Fermi 近似在密度泛函理论中得到明确的阐述，下面将进行详细介绍。

2　交换和相关

在任何电子结构的计算中最困难的问题是要考虑电子-电子的相互作用。电子的电荷之间由于存在库仑相互作用力而互相排斥。电子系统的库仑能可以通过各个电子保持空间上独立而减小，但是为了分离电子，需要增加变形的电子波函数的动能来平衡。电子-电子相互作用的影响简单阐述如下：

因为电子是费米子，所以在任意两个电子互换时，多体系统的波函数必须反对称性的。而反对称的波函数会引起具有相同自旋方向的电子在空间上的分离，从而减小电子系统的库仑能。波函数能量减少的部分被称为交换能。包含交换能的总能计算是直接的，并且通常被称为的 Hartree-Fock 近似。

如果自旋方向相反的电子也空间上分离，那么电子系统的库仑能可减少至低于其 Hartree-Fock 值。这种情况下，电子系统的库仑能的减少是以升高电子的动能为代价的。多体电子系统的能量与用 Hartree-Fock 近似计算出的系统能量之差称为相关能[6]。在使用量子 Monte-Carlo 方法模拟电子气动力学时[7,8]，尽管在这个方向上采用了一些有益的方法，然而计算一个复杂系统的相关能是非常困难的。目前这些方法在总能计算中是难以控制的，必须用其它可选的方法来描述电子-电子的相互作用。

3　密度泛函理论

由 Hohenberg 和 Kohn[9]（1964），Kohn 和 Sham[10]（1965）发展起来的密度泛函理论，有希望为描述电子气的交换和相关作用提供简单的方法。Hohenberg 和 Kohn 证明：包含交换和相关作用的电子气（甚至有静态外势场存在的情况下）的总能仅是电子密度的函数。总能泛函的最小值即为系统的基态能量，产生这个能量最小值对应的电子密度正是单粒子基态密度。Kohn 和 Sham 紧接着展示了如何将多体问题转换为准确等价的一系列自洽单电子方程。这些法则意味所有的基态性质均可以只基于密度来计算。

3.1　Kohn-Sham 能量泛函

对于一组双占据电子态 ψ_i，Kohn-Sham 总能泛函可以写成

$$E\{\psi_i\} = 2\sum_i \int \psi_i \left[-\frac{\hbar^2}{2m}\right]\nabla^2 \psi_i \mathrm{d}^3\boldsymbol{r} + \int V_{\mathrm{ion}}(\boldsymbol{r})n(\boldsymbol{r})\mathrm{d}^3\boldsymbol{r} +$$

$$\frac{\mathrm{e}^2}{2}\int \frac{n(\boldsymbol{r})n(\boldsymbol{r}')}{|\boldsymbol{r}-\boldsymbol{r}'|}\mathrm{d}^3\boldsymbol{r}\mathrm{d}^3\boldsymbol{r}' + E_{\mathrm{XC}}[n(\boldsymbol{r})] + E_{\mathrm{ion}}\{\boldsymbol{R}_1\} \tag{2}$$

其中，E_{ion} 是带有位置 $\{\boldsymbol{R}_1\}$ 处原子核（或电子）之间的相互作用的库仑能；V_{ion} 是静态总电子-离子势；$n(\boldsymbol{r})$ 是电子密度，由式（3）给出；$E_{\mathrm{XC}}[n(\boldsymbol{r})]$ 是交换-

相关泛函。

$$n(\mathbf{r}) = 2 \sum_i |\psi_i(\mathbf{r})|^2 \tag{3}$$

仅在 Kohn-Sham 能量泛函的最小值点处有物理意义，此时的 Kohn-Sham 能量泛函等于位置 $\{\mathbf{R}_1\}$ 处存在离子的电子系统的基态能量。

3.2　Kohn-Sham 方程

确定一组波函数 ψ_i 使得 Kohn-Sham 能量泛函最小化是非常必需的。这些可以由 Kohn-Sham 方程得自洽解给出[10]

$$\left[-\frac{\hbar^2}{2m}\nabla^2 + V_{\text{ion}}(\mathbf{r}) + V_{\text{H}}(\mathbf{r}) + V_{\text{XC}}(\mathbf{r}) \right]\psi_i(\mathbf{r}) = \varepsilon_i\psi_i(\mathbf{r}) \tag{4}$$

其中 $\psi_i(\mathbf{r})$ 是电子态 i 的波函数，ε_i 是 Kohn-Sham 方程的特征值，V_{H} 是电子的 Hartree 势，由式（5）给出

$$V_{\text{H}}(\mathbf{r}) = e^2 \int \frac{n(\mathbf{r}')}{|\mathbf{r} - \mathbf{r}'|}\mathrm{d}^3\mathbf{r}' \tag{5}$$

交换-相关势 V_{XC}，形式上是由泛函的导数给出

$$V_{\text{XC}}(\mathbf{r}) = \frac{\delta E_{\text{XC}}[n(\mathbf{r})]}{\delta n(\mathbf{r})} \tag{6}$$

Kohn-Sham 方程表达了一种由相互影响的多电子系统向在一个有效势场中运动的非相互作用电子系统的映射。如果交换-相关能量泛函可以准确得到，然后将能量泛函对密度求导即可得到一个包含有精确交换和相关作用的交换-相关势。

Kohn-Sham 方程必须解得自洽，才能使占据电子态产生相应的电荷密度，从而得到用于构建方程的电子势。Kohn-Sham 方程是一组本征方程，并且方程（4）括号中的部分可以被视为哈密顿函数。因此在一个总能计算中，当交换-相关能的近似表达式给出后，大部分的工作是特征值问题的解决。

3.3　局域密度近似

Hohenberg-Kohn 法则为使用近似方法描述交换-相关能提供了动机。第一个实用的近似是局域密度近似（LDA；Kohn 和 Sham，1965[10]）。在局域密度近似下，一个电子系统的交换相关能被构建为假设电子气中点 $\mathbf{r}$ 处的电子的交换-相关能 $\varepsilon_{\text{XC}}(\mathbf{r})$，等于均匀电子气中（具有与电子气中点 $\mathbf{r}$ 处相同的密度）的每个电子的交换-相关能。

$$E_{\text{XC}}[n(\mathbf{r})] = \int \varepsilon_{\text{XC}}(\mathbf{r})n(\mathbf{r})\mathrm{d}^3\mathbf{r} \tag{7a}$$

并且
$$\frac{\delta E_{\text{XC}}[n(\mathbf{r})]}{\delta n(\mathbf{r})} = \frac{\partial[n(\mathbf{r})\varepsilon_{\text{XC}}(\mathbf{r})]}{\partial n(\mathbf{r})} \tag{7b}$$

$$\varepsilon_{\text{XC}}(\mathbf{r}) = \varepsilon_{\text{XC}}^{\text{hom}}n(\mathbf{r}) \tag{7c}$$

将自旋向上和自旋向下电子态相等占据的限制放宽，关于自旋占有的总能的最小化就得到了局域自旋密度近似（LSDA），它允许处理原子、分子和固体的磁

性能[11]。

通常 LDA 用于预测结构和宏观性能是非常成功的，但是它也有一些缺点。特别是关于：①激发态的能量，尤其是半导体和绝缘体的带隙被整体低估。这并不是十分令人惊讶，因为 DFT 仅仅是基于基态的法则。②有普遍的过结合的倾向，即显著地高估内聚能，而低估晶格常数可达 3％。③错误的预测一些磁性系统（最著名的例子是将体心立方铁磁性的 Fe 预测为密排六方非磁状态）和强关联系统（例如用 LDA 将 Mott 绝缘体 NiO 和 La_2CuO_4 预测为金属性的基态）。④LDA 不能恰当地描述范德华相互作用，虽然最近有一些建议可以克服这个问题[12-14]。

3.4　广义梯度近似

由于忽略了交换相关泛函中局域电子密度的变化，局域描述具有诸多限制，这时广义梯度近似（GGA）被提出。GGA 清楚地表述出交换-相关泛函对电子密度梯度的函数关系。对于固态应用中，由 Perdew 和合作者们[15-19] 提出的 GGA 被广泛使用，并且证明了在矫正 LDA 的一些缺陷时是非常成功的：LDA 的过结合倾向被极大地修正（GGA 导致偏大的晶格常数和低的内聚能）[20,21]，正确预测出铁磁性的 Fe 基态[22] 和反铁磁性的铬和锰[23,24]（这也包括对磁体积和磁结构预测的大幅改进）。不过，在某些情况下，GGA 会过度矫正 LDA 的不足之处，并导致亚结合。最明显的例子有根据 GGA，惰性气体二聚物和 N_2 分子晶体将不能结合形成[25]。一些 GGA 方法还出现不正确地估计氢键强度，导致错误地估计水的凝固温度。

4　基本函数

在实践中，波函数 $\psi_i(\boldsymbol{r})$ 必须被表示为有限数量的基本函数的线性组合。基本函数的选择决定可达到的精度和计算效率。

应用于复杂系统的方法大多数是使用以下三种基组类型之一，即：①原子轨道的线性组合（LCAO）；②线性缀加平面波（LAPW）或③平面波（PW）赝势相结合来描述电子-离子的相互作用。当前的计算是使用维也纳 Ab-initio 模拟软件包（VASP）[26-28]，VASP 是使用赝势或投影缀加波再加上平面波基组的方法执行 Ab-initio 量子力学模拟的复杂软件包。用超软 Vanderbilt 赝势（USPP）[29,30] 或投影缀加波（PAW）[31,32] 的方法来描述离子和电子之间的相互作用。两种技术都可以相当程度地减少过渡金属或第一行元素的每个原子所必需的平面波数量。力与全部的张量可以用 VASP 很容易地计算，并被用于把原子衰减到其瞬时基态中。

4.1　赝势近似

尽管布洛赫定理阐述电子波函数可以用一组离散的平面波扩展而得到，然而通常情况下一个平面波基组不能很好地扩展为电子波函数，原因是紧束缚的近核轨道需要数目非常多的平面波去扩展，并遵守在核心区域的价电子波函数的快速振荡。想要执行一个全电子计算，需要非常大的平面波基组，并且庞大的计算时间去计算电子波函数。赝势近似允许使用数目小得多的平面波基组去扩展电子波函数。

众所周知，大多数固体物理性质依赖价电子的程度远甚于对核电子。赝势近似开发了这一特点——核电子的强离子势用较弱的赝势来代替，赝势是作用在一组伪波函数上，而不是作用在真实的价电子波函数上的。他们和强大的离子势是一个伪波函数的集合，而不是真正的价波函数的行为。离子势、价电子波函数和相应的赝势、伪波函数的关系用附图1阐明。

在核电子占据的范围内，由于强的离子势造成价电子波函数快速振荡。赝势被理想化地构建，因此伪波函数的散射属性或相移是与价电子波函数的离子和核电子的散射属性是完全相同的，但以这样的一种方式赝势波函数在核心地区就没有径向节点。核心区之外两种势是相同的，并由两种势造成的散射是不能区分的。如果没有一个平滑、弱的赝势，想用合理数目的平面波基组扩展波函数将非常困难。

在总能计算中，电子系统的交换-相关能是电子密度的函数。如果想要准确描述交换-相关能，那么在核心区域之外的伪波函数和真实波函数必须完全相同，包括它们的空间位置和绝对量级，以至于这两种波函数能产生相等的电荷密度。调整赝势以确保对核心区域内真实波函数与伪波函数的振幅的平方积分相等，而且核心区域外的价电子波函数和伪波函数相同。这就是所谓的规范守恒（Norm Conservation）。

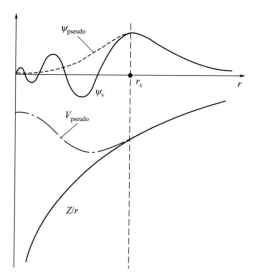

附图 1　全电子（实线）和伪电子（虚线）的势以及它们对应的波函数

全电子和伪电子匹配处的半径被定义为 r_c。

4.2　平面波与赝势结合

平面波（PW）基组提供了几点优势：①关于完备基组的收敛性可以很容易地通过扩展截断能（即平面波基组的最高动能）检查；②快速傅里叶变换（FFT）使解

泊松方程变得容易；③可以通过 Hellmann-Feynman 定理直接计算原子上的力和单胞上的应力，而不需要对基组应用 Pulay 修正[33]。平面波基组的缺点是，为了实现数目适中的基组的收敛，强的电子-离子相互作用必须代之以一个足够弱的赝势。该赝势方法的基本思想是将价电子薛定谔方程投影到与核轨道正交的子空间上去[34,35]，以消除近核区内价电子轨道的节点结构，而不需修改化学键成键的区域（即远核区）。为了满足精度，可移植性以及计算效率这些相矛盾的需求，人们在构建赝势上做出了很多努力。对于 s、p 成键的主族元素，多种赝势[36-39]均可以胜任，但是最困难的是对于第一行元素，过渡组元素和稀土元素这些无节点的 2p、3d 和 4f 轨道，通常会遭遇概念上的失败。对于这些元素来说，一种被称为超软赝势（USPP）外加平面波基组的表述方法是迄今为止最有效的方案之一[29,30]，它用局域缀加函数来表述波函数、电荷密度和势的平滑部分。最近，建立了 USPP 和 FLAPW 方法的紧密关联[40]，Blöchl[31] 提出的 USPP 和投影缀加波（PAW）方法的一对一对应，由 Kresse 和 Joubert[32] 进行了证明。到此为止，现代 FLAPW、PAW 和 USPP 技术提供了最准确的 DFT 计算。USPP 方法与全电子的 PAW 或 PLAPW 方法的差别仅在于价电子-原子核交换相互作用的线性化变得困难的例子（一些铁磁和反铁磁系统、一些 3d 元素等）[32,41]。

过去二十年目睹了凝聚态理论和量子化学中理论和算法的重大进展。随着计算机技术的革命，使得科研工作者们可以用模拟计算的方法解决实际中存在的重要问题。因此，原子计算技术（计算量子力学、分子模拟和分子力学）开始弥补基础材料学和材料工程学之间的差距。

参 考 文 献

[1] Hartree D R. The wave mechanics of an atom with a non-coulomb central field. Part I. Theory and methods [J], Mathematical Proceedings of the Cambridge Philosophical Society，1928，24：89-110.

[2] Fock V. Näherungsmethode zur Lösung des quantenmechanischen Mehrkörperproblems [J]，Zeitschrift für Physik A Hadrons and Nuclei，1930，61：126-148.

[3] Fock V. "Selfconsistent field" mit Austausch für Natrium [J]，Zeitschrift für Physik A Hadrons and Nuclei，1930，62：795-805.

[4] Thomas L H. The calculation of atomic fields [J]，Mathematical Proceedings of the Cambridge Philosophical Society，1927，23：542-548.

[5] Fermi E，Rasetti F. Eine Messung des Verhältnisses h/k durch die anomale Dispersion des Thalliumdampfes [J]，Zeitschrift für Physik A Hadrons and Nuclei，1927，43：379-383.

[6] Fetter A L，Walecka J D. Quantum Theory of Many-Particle systems [M]，New York：McGraw-Hill，1971，29.

[7] Fahy S，Wang X W，Louie S G. Variational quantum Monte Carlo nonlocal pseudopotential approach to solids：cohesive and structural properties of diamond [J]，Physcal Review Letters，1988，61：1631-1634.

[8] Li X P，Ceperley D M，Martin R M. Cohesive energy of silicon by the Green's-function Monte Carlo

method [J], Physcal Review B, 1991, 44: 10929-10932.

[9] Hohenberg P, Kohn W. Inhomogeneous electron gas [J], Physcal Review, 1964, 136: B864-B871.

[10] Kohn W, Sham L J. Self-consistent equations including exchange and correlation effects [J], Physcal Review, 1965, 140: A1133-A1138.

[11] Barth U von, Hedin L. A local exchange-correlation potential for the spin polarized case: I [J], Journal of Physics C: Solid State Physics, 1972, 5: 1629-1642.

[12] Hult E, Andersson Y, Lundqvist B I. Density functional for van der Waals forces at surfaces [J], Physcal Review Letters, 1996, 77: 2029-2032.

[13] Andersson Y, Langreth D C, Lundqvist B I. van der Waals interactions in density-functional theory [J], Physcal Review Letters, 1996, 76: 102-105.

[14] Kohn W, Meir Y, Makarov D E. van der Waals energies in density functional theory [J], Physcal Review Letters, 1998, 80: 4153-4156.

[15] Perdew J P. Density-functional approximation for the correlation energy of the inhomogeneous electron gas [J], Physical Review B, 1986, 33: 8822-8824.

[16] Becke A D. Density-functional exchange-energy approximation with correct asymptotic behavior [J], Physical Review A, 1988, 38: 3098-3100.

[17] Perdew J P, Chevary A, Vosko S H, Jackson K A, Pedersen M R, Singh D J, Fiolhais C. Atoms, molecules, solids, and surfaces: Applications of the generalized gradient approximation for exchange and correlation [J], Physical Review B, 1991, 46: 6671-6687.

[18] Perdew J P, Wang Y. Accurate and simple analytic representation of the electron-gas correlation energy [J], Physical Review B, 1992, 45: 13244-13249.

[19] Perdew J P, Burke K, Ernzerhof M. Generalized gradient approximation made simple [J], Physcal Review Letters, 1996, 77: 3865-3868.

[20] Kresse G, Furthmüller J, Hafner J. Theory of the crystal structures of selenium and tellurium: The effect of generalized-gradient corrections to the local-density approximation [J], Physical Review B, 1994, 50: 13181-13185.

[21] Seifert K, Hafner J, Furthmuller J, Kresse G. The influence of generalized gradient corrections to the LDA on predictions of structural phase stability: the Peierls distortion in As and Sb [J], Journal of Physics: Condensed Matter, 1995, 7: 3683-3692.

[22] Leung T C, Chan C T, Harmon B N. Ground-state properties of Fe, Co, Ni, and their monoxides: Results of the generalized gradient approximation [J], Physical Review B, 1991, 44: 2923-2927.

[23] Asada T, Terakura K. Generalized-gradient-approximation study of the magnetic and cohesive properties of bcc, fcc, and hcp Mn [J], Physical Review B, 1993, 47: 15992-15995.

[24] Eder M, Hafner J, Moroni G. Structure and magnetic properties of thin Mn/Cu (001) and CuMn/Cu (100) films [J], Surface Science Letters, 1999, 423: L244-L249.

[25] Pérez-Jordá J M, Becke A D. A density-functional study of van der Waals forces: rare gas diatomics [J], Chemical Physics Letters, 1995, 233: 134-137.

[26] Hafner J. Atomic-scale computational materials science [J], Acta Materialia, 2000, 48: 71-92.

[27] Kresse G, Furthmüller J. Efficient iterative schemes for Ab-initio total-energy calculations using a plane-wave basis set [J], Physical Review B, 1996, 54: 11169-11186.

[28] Kresse G，Furthmüller J. Efficiency of Ab-initio total energy calculations for metals and semiconductors using a plane-wave basis set [J]，Computational Materials Science，1996，6：15-50.

[29] Vanderbilt D. Soft self-consistent pseudopotentials in a generalized eigenvalue formalism [J]，Physical Review B，1990，41：7892-7895.

[30] Kresse G，Hafner J. Norm-conserving and ultrasoft pseudopotentials for first-row and transition elements [J]，Journal of Physics：Condensed Matter，1994，6：8245-8257.

[31] Blöchl P E. Projector augmented-wave method [J]，Physical Review B，1994，50：17953-17979.

[32] Kresse G，Joubert J. From ultrasoft pseudopotentials to the projector augmented-wave method [J]，Physical Review B，1999，59：1758-1775.

[33] Pulay P. Ab-initio calculation of force constants and equilibrium geometries in polyatomic molecules I. Theory [J]，Molecular Physics，1969，17：197-204.

[34] Heine V. The concept of Pseudopotentials [J]，Solid State Physics，1970，24：1-36.

[35] Hafner J. From Hamiltonians to Phase Diagrams [M]，Berlin：Springer 1987，108-122.

[36] Bachelet G B，Hamann D R，Schlüter M. Pseudopotentials that work：From H to Pu [J]，Physical Review B，1982，26：4199-4228.

[37] Rappe A M，Joannopoulos J D. Computer Simulation in Materials Sciences [M]，Boston：Kluwer Academic，1999，409.

[38] Lin J S，Qteish A，Payne M C，Heine V. Optimized and transferable nonlocal separable Ab-initio pseudopotentials [J]，Physical Review B，1993，47：4174-4180.

[39] Vanderbilt D. Optimally smooth norm-conserving pseudopotentials [J]，Physical Review B，1985，32：8412-8415.

[40] Holzwarth N A W，Matthews G E，Dumring R B，Tackett A R，Zeng Y. Comparison of the projector augmented-wave，pseudopotential，and linearized augmented-plane-wave formalisms for density-functional calculations of solids [J]，Physical Review B，1997，55：2005-2017.

[41] Moroni E G，Kresse G，Furthmüller J，Hafner J. Ultrasoft pseudopotentials applied to magnetic Fe, Co, and Ni：From atoms to solids [J]，Physical Review B，1997，56：15629-15646.

参考文献

[1]　Ölander A. An eletrochemical investigation of solid cadmium-gold alloy [J]. Journal of the American Chemical Society, 1932, 54: 3819.

[2]　Chang L C, Read T A. Plastic deformation and diffusionless phase changes in metals-the gold-cadmimum beta phase [J]. Transactions of AIME, 1951, 189: 47.

[3]　Burkard M W, Read T A. Diffusionless phase change in the indium-thallium system [J]. Transactions of AIME, 1953, 197: 1516.

[4]　Buehler W J, Gilfrich J V, Wiley R C. Effect of low-temperature phase changes on the mechanical properties of alloys near composition TiNi [J]. Journal of Applied Physics, 1963, 34 (5): 1475-1477.

[5]　Soltys J. The magnetic properties of the Heusler alloy Ni_2MnGa [J]. Acta Physica Polonica A, 1974, 46: 383-384.

[6]　Webster P J, Ziebeck K R A, Town S L, Peak M S. Magnetic order and phase transformation in Ni2MnGa [J]. Philosophical Magazine B, 1984, 49: 295-310.

[7]　Kokorin V V, Chernenko V A. Martensitic transformation in a ferromagnetic Heusler alloy [J]. The Physics of Metals and Metallography, 1989, 68: 111-115.

[8]　Chernenko V A, Kokorin V V, Vasilev A N, Savchenko Y I. The behavior of the elastic-constants at the transformation between the modulated phases in Ni_2MnGa [J]. Phase Transitions, 1993, 43: 187-191.

[9]　Ullakko K, Huang J K, Kantner C, O'Handley R C, Kokorin V V. Large magnetic-field-induced strains in Ni_2MnGa single crystals [J]. Applied Physics Letters, 1996, 69: 1966-1968.

[10]　O'Handley R C. Model for strain and magnetization in magnetic shape-memory alloys [J]. Journal of Applied Physics, 1998, 83: 3263-3270.

[11]　James R D, Wuttig M. Magnetostriction of martensite [J]. Philosophical Magazine A, 1998, 77: 1273-1299.

[12]　Murray S J, Marioni M A, Kukla A M, Robinson J, O'Handley R C, Allen S M. Large field induced strain in single crystalline Ni-Mn-Ga ferromagnetic shape memory alloy [J]. Journal of Applied Physics, 2000, 87: 5774-5776.

[13]　Sozinov A, Likhachev A A, Lanska N, Ullakko K. Giant magnetic-field-induced strain in NiMnGa seven-layered martensitic phase [J]. Applied Physics Letters, 2002, 80: 1746-1748.

[14]　Brown P J, Crangle J, Kanomata T, Matsumoto M, Neumann K-U, Ouladdiaf B, Zie-

beck K R A. The crystal structure and phase transitions of the magnetic shape memory compound Ni₂MnGa ［J］, Journal of Physics: Condensed Matter, 2002, 14: 10159-10171.

[15] Liu X W, Söderberg O, Koho K, Lanska N, Ge Y, Sozinov A, Lindroos V K. Vibration cavitation behaviour of selected Ni-Mn-Ga alloys ［J］, Wear, 2005, 258: 1364-1371.

[16] Lanska N, Söderberg O, Sozinov A, Ge Y, Ullakko K, Lindroos V K. Composition and temperature dependence of the crystal structure of Ni-Mn-Ga alloys ［J］, Journal of Applied Physics, 2004, 95: 8074-8078.

[17] Söderberg O, Friman M, Sozinov A, Lanska N, Ge Y, Hamalainen M, Lindroos V K. Transformation behavior of two Ni-Mn-Ga alloys ［J］, Zeitschrift für Metallkunde, 2004, 95: 724-731.

[18] Khovailo V V, Takagi T, Bozhko A D, Matsumoto M, Tani J, Shavrov V G. Premartensitic transition in $Ni_{2+x}Mn_{1-x}$ Ga Heusler alloys ［J］, Journal of Physics: Condensed Matter, 2001, 13: 9655-9662.

[19] Zheludev A, Shapiro S M, Wochner P, Tanner L E. Precursor effects and premartensitic transformation in Ni₂MnGa ［J］, Physical Review B, 1996, 54: 15045-15050.

[20] Chernenko V A, Cesari E, Kokorin V V, Vitenko I N. The development of new ferromagnetic shape memory alloys in Ni-Mn-Ga system ［J］, Scripta Metallurgica et Materialia, 1995, 33: 1239-1244.

[21] Wu S K, Yang S T. Effect of composition on transformation temperatures of Ni-Mn-Ga shape memory alloys ［J］, Materials Letters, 2003, 57: 4291-4296.

[22] Kreissl M, Neumann K-U, Stephens T, Ziebeck K R A. The influence of atomic order on the magnetic and structural properties of the ferromagnetic shape memory compound Ni₂MnGa ［J］, Journal of Physics: Condensed Matter, 2003, 15: 3831-3839.

[23] Tsuchiya K, Ohtoyo D, Umemoto M, Ohtsuka H. Effect of isothermal aging on martensitic transformation in Ni-Mn-Ga alloys ［J］, Transactions of the Materials Research Society of Japan, 2000, 25: 521-523.

[24] Besseghini S, Pasquale M, Passaretti F, Sciacca A, Villa E. NiMnGa polycrystalline magnetically activated shape memory alloy: a calorimetric investigation ［J］, Scripta Materialia, 2001, 44: 2681-2687.

[25] Heczko O, Lanska N, Söderberg O and Ullakko K. Temperature variation of structure and magnetic properties of Ni-Mn-Ga magnetic shape memory alloys ［J］, Journal of Magnetism and Magnetic Materials, 2002, 242-245: 1446-1449.

[26] Wang W H, Liu Z H, Zhang J, Chen J L, Wu G H, Zhan W S, Chin T S, Wen G H, Zhang X X. Thermoelastic intermartensitic transformation and its internal stress dependency in $Ni_{52}Mn_{24}Ga_{24}$ single crystals ［J］, Physical Review B, 2002, 66: 052411.

[27] Straka L, Heczko O. Magnetic anisotropy in Ni-Mn-Ga martensites [J], Journal of Applied Physics, 2003, 93: 8636-8638.

[28] Heczko O, Straka L, Lanska N, Ullakko K, Enkovaara J. Temperature dependence of magnetic anisotropy in Ni-Mn-Ga alloys exhibiting giant field-induced strain [J], Journal of Applied Physics, 2002, 91: 8228-8230.

[29] Albertini F, Pareti L, Paoluzi A, Morellon L, Algarabel P A, Ibarra M R, Righi L. Composition and temperature dependence of the magnetocrystalline anisotropy in $Ni_{2+x}Mn_{1+y}Ga_{1+z}$ ($x+y+z=0$) Heusler alloys [J], Applied Physics Letters, 2002, 81: 4032-4034.

[30] Hu F X, Shen B G, Sun J R. Magnetic entropy change in $Ni_{51.5}Mn_{22.7}Ga_{25.8}$ [J], Applied Physics Letters, 2000, 76: 3460-3462.

[31] Pasquale M, Sasso C P, Lewis L H, Giudici L, Lograsso T, Schlagel D. Magneto-structural transition and magnetocaloric effect in $Ni_{55}Mn_{20}Ga_{25}$ single crystals [J], Physical Review B, 2005, 72: 094435.

[32] Pareti L, Solzi M, Albertini F, Paoluzi A. Giant entropy change at the co-occurrence of structural and magnetic transitions in the $Ni_{2.19}Mn_{0.81}Ga$ Heusler alloy [J], The European Physical Journal B -Condensed Matter and Complex Systems, 2003, 32: 303-307.

[33] Zhou X Z, Li W, Kunkel H P, Williams G. A criterion for enhancing the giant magneto-caloric effect: (Ni-Mn-Ga)-a promising new system for magnetic refrigeration [J], Journal of Physics: Condensed Matter, 2004, 16: L39-L44.

[34] Rao N, Gopalan R, Chandrasekaran V, Suresh K. Microstructure, magnetic properties and magnetocaloric effect in melt-spun Ni-Mn-Ga ribbons [J], Journal of Alloys and Compounds, 2009, 478: 59-62.

[35] Wu G H, Yu C H, Meng L Q, Chen J L, Yang F M, Qi S R, Zhan W S, Wang Z, Zheng Y F, Zhao L C. Giant magnetic-field-induced strains in Heusler alloy NiMnGa with modified composition [J], Applied Physics Letters, 1999, 75: 2990-2992.

[36] Murray S J, Marioni M, Allen S M, O'Handley R C, Lograsso T A. 6% magnetic-field-induced strain by twin-boundary motion in ferromagnetic Ni-Mn-Ga [J], Applied Physics Letters, 2000, 77: 886-888.

[37] Techapiesancharoenkij R, Kostamo J, Simon J, Bono D, Allen S M, O'Handley R C. Acoustic-assisted magnetic-field-induced strain and stress output of Ni-Mn-Ga single crystal [J], Applied Physics Letters, 2008, 92: 032506.

[38] Sozinov A, Likhachev A A, Lanska N, Söderberg O, Ullakko K, Lindroos V K. Stressand magnetic-field-induced variant rearrangement in Ni-Mn-Ga single crystals with seven-layered martensitic structure [J], Materials Science and Engineering A, 2004, 378: 399-402.

[39] James R D, Tickle R, Wuttig M. Large field-induced strains in ferromagnetic shape mem-

ory materials [J]，Materials Science and Engineering A，1999，273-275：320-325.

[40] Straka L，Heczko O，Hänninen H. Activation of magnetic shape memory effect in Ni-Mn-Ga alloys by mechanical and magnetic treatment [J]，Acta Materialia，2008，56：5492-5499.

[41] Khovailo V V，Abe T，Koledov V V，Matsumoto M，Nakamura H，Note R，Ohtsuka M，Shavrov V G，Takagi T. Influence of Fe and Co on Phase Transitions in Ni-Mn-Ga Alloys，Materials Transactions [J]，2003，44：2509-2512.

[42] Guo S H，Zhang Y H，Quan B Y，Li J L，Qi Y，Wang X L. The effect of doped elements on the martensitic transformation in Ni-Mn-Ga magnetic shape memory alloy [J]，Smart Materials and Structures，2005，14：S236-S238.

[43] Glavatskyy I，Glavatska N，Söderberg O，Hannula S-P，Hoffmann J-U. Transformation temperatures and magnetoplasticity of Ni-Mn-Ga alloyed with Si，In，Co or Fe [J]，Scripta Materialia，2006，54：1891-1895.

[44] Cong D Y，Wang S，Wang Y D，Ren Y，Zuo L，Esling C. Martensitic and magnetic transformation in Ni-Mn-Ga-Co ferromagnetic shape memory alloys [J]，Materials Science and Engineering A，2008，473：213-218.

[45] Sánchez-Alarcos V，Pérez-Landazábal J I，Recarte V. Effect of thermal treatments on the martensitic transformation in Co-containing Ni-Mn-Ga alloys [J]，Materials Science and Engineering A，2008，481-482：293-297.

[46] Ma Y Q，Yang S Y，Liu Y，Liu X J. The ductility and shape-memory properties of Ni-Mn-Co-Ga high-temperature shape-memory alloys [J]，Acta Materialia，2009，57：3232-3241.

[47] Rolfs K，Chmielus M，Wimpory R C，Mecklenburg A，Müllner P，Schneider R. Double twinning in Ni-Mn-Ga-Co [J]，Acta Materialia，2010，58：2646-2651.

[48] Seguí C，Cesari E. Effect of ageing on the structural and magnetic transformations and the related entropy change in a Ni-Co-Mn-Ga ferromagnetic shape memory alloy [J]，Intermetallics，2011，19：721-725.

[49] Satish Kumar A，Ramudu M，Seshubai V. Effect of selective substitution of Co for Ni or Mn on the superstructure and microstructural properties of Ni50Mn29Ga21 [J]，Journal of Alloys and Compounds，2011，509：8215-8222.

[50] Kikuchi D，Kanomata T，Yamaguchi Y，Nishihara H，Koyama K，Watanabe K. Magnetic properties of ferromagnetic shape memory alloys $Ni_2Mn_{1-x}Fe_xGa$ [J]，Journal of Alloys and Compounds，2004，383：184-188.

[51] Koho K，Söderberg O，Lanska N，Ge Y，Liu X，Straka L，Vimpari J，Heczko O，Lindroos V K. Effect of the chemical composition to martensitic transformation in Ni-Mn-Ga-Fe alloys [J]，Materials Science and Engineering A，2004，378：384-388.

[52] Liu Z H，Zhang M，Wang W Q，Wang W H，Chen J L，Wu G H，Meng F B，Liu H

Y, Liu B D, Qu J P, Li Y X. Magnetic properties and martensitic transformation in quaternary Heusler alloy of NiMnFeGa [J], Journal of Applied Physics, 2002, 92: 5006-5010.

[53] Pötschke M, Gaitzsch U, Roth S, Rellinghaus B, Schultz L. Preparation of melt textured Ni-Mn-Ga [J], Journal of Magnetism and Magnetic Materials, 2007, 316: 383-385.

[54] Gaitzsch U, Pötschke M, Roth S, Rellinghaus B, Schultz L. Mechanical training of polycrystalline 7M $Ni_{50}Mn_{30}Ga_{20}$ magnetic shape memory alloy [J], Scripta Materialia, 2007, 57: 493-495.

[55] Liu Z, Chen J, Hu H, Zhang M, Dai X, Zhu Z, Liu G, Wu G, Meng F, Li Y. The influence of heat treatment on the magnetic and phase transformation properties of quaternary Heusler alloy $Ni_{50}Mn_8Fe_{17}Ga_{25}$ ribbons [J], Scripta Materialia, 2004, 51: 1011-1015.

[56] Cong D, Wang Y, Zhao X, Zuo L, Peng R L, Zetterström P, Liaw P. Crystal structures and textures in the hot-forged Ni-Mn-Ga shape memory alloys [J], Metallurgical and Materials Transactions A, 2006, 37: 1397-1403.

[57] Solomon V C, Smith D J, Tang Y, Berkowitz A E. Microstructural characterization of Ni-Mn-Ga ferromagnetic shape memory alloy powders [J], Journal of Applied Physics, 2004, 95: 6954-6956.

[58] Wang Y, Ren Y, Nie Z, Liu D, Zuo L, Choo H, Li H, Liaw P, Yan J, McQueeney R, Richardson J, Huq A. Structural transition of ferromagnetic Ni_2MnGa nanoparticles [J], Journal of Applied Physics, 2007, 101: 063530.

[59] Heczko O, Thomas M, Buschbeck J, Schultz L, Fahler S. Epitaxial Ni-Mn-Ga films deposited on $SrTiO_3$ and evidence of magnetically induced reorientation of martensitic variants at room temperature [J], Applied Physics Letters, 2008, 92: 072502.

[60] Thomas M, Heczko O, Buschbeck J, Rößler U, McCord J, Scheerbaum N, Schultz L, Fähler S. Magnetically induced reorientation of martensite variants in constrained epitaxial Ni-Mn-Ga films grown on MgO (001) [J], New Journal of Physics, 2008, 10: 023040.

[61] Ranzieri P, Fabbrici S, Nasi L, Righi L, Casoli F, Chernenko V A, Villa E, Albertini F. Epitaxial Ni-Mn-Ga/MgO (100) thin films ranging in thickness from 10 to 100nm [J], Acta Materialia, 2012: 263-272.

[62] Chernenko V A, Anton R L, Kohl M, Barandiaran J M, Ohtsuka M, Orue I, Besseghini S. Structural and magnetic characterization of martensitic Ni-Mn-Ga thin films deposited on Mofoil [J], Acta Materialia, 2006, 54: 5461-5467.

[63] Boonyongmaneerat Y, Chmielus M, Dunand D C, Mullner P. Increasing magnetoplasticity in polycrystalline Ni-Mn-Ga by reducing internal constraints through porosity [J],

Physical Review Letters, 2007, 99: 247201.

[64] Velikokhatnyĭ O I, Naumov I I. Electronic structure and instability of Ni_2MnGa [J], Physics of the Solid State, 1999, 41: 617-623.

[65] Ayuela A, Enkovaara J, Ullakko K, et al. Structural properties of magnetic Heusler alloys [J], Journal of Physics: Condensed Matter, 1999, 11: 2017-2026.

[66] Godlevsky V V, Rabe K M. Soft tetragonal distortions in ferromagnetic Ni_2MnGa and related materials from first principles [J], Physical Review B, 2001, 63 (13): 134407.

[67] Gruner M E, Adeagbo W A, Zayak A T, et al. Influence of magnetism on the structural stability of cubic L_{21} Ni_2MnGa [J], European Physical Journal-Special Topics, 2008, 158: 193-198.

[68] Enkovaara J, Heczko O, Ayuela A, et al. Coexistence of ferromagnetic and antiferromagnetic order in Mn-doped Ni_2MnGa [J], Physical Review B, 2003, 67 (21): 212405.

[69] Chakrabarti A, Biswas C, Banik S, et al. Influence of Ni doping on the electronic structure of Ni_2MnGa [J], Physical Review B, 2005, 72 (7): 073103.

[70] Chen J, Li Y, Shang J, et al. First principles calculations on martensitic transformation and phase instability of Ni-Mn-Ga high temperature shape memory alloys [J], Applied Physics Letters, 2006, 89 (23): 231921.

[71] Lázpita P, Barandiarán J M, Gutiérrez J, et al. Magnetic moment and chemical order in off-stoichiometric Ni-Mn-Ga ferromagnetic shape memory alloys [J], New Journal of Physics, 2011, 13 (3): 033039.

[72] Enkovaara J, Ayuela A, Nordström L, Nieminen R M. Structural, thermal, and magnetic properties of Ni_2MnGa [J], Journal of Applied Physics, 2002, 91: 7798-7800.

[73] Enkovaara J, Ayuela A, Nordström L, Nieminen R M. Magnetic anisotropy in Ni_2MnGa [J], Physical Review B, 2002, 65: 134422.

[74] Zayak A T, Entel P, Enkovaara J, Ayuela A, Nieminen R M. First-principles investigations of homogeneous lattice-distortive strain and shuffles in Ni_2MnGa [J], Journal of Physics: Condensed Matter, 2003, 15: 159-164.

[75] Gruner M E, Entel P, Opahle I, Richter M. Ab initio investigation of twin boundary motion in the magnetic shape memory Heusler alloy Ni_2MnGa [J], Journal of Materials Science, 2008, 43: 3825-3831.

[76] Entel P, Gruner M E, Adeagbo W A, Eklund C-J, Zayak A T, Akaid H, Acet M. Ab initio modeling of martensitic transformations (MT) in magnetic shape memory alloys [J], Journal of Magnetism and Magnetic Materials, 2007, 310: 2761-2763.

[77] Uijttewaal M A, Hickel T, Neugebauer J, Gruner M E, Entel P. Understanding the Phase Transitions of the Ni_2MnGa Magnetic Shape Memory System from First Principles [J], Physical Review Letters, 2009, 102: 035702.

[78] Zayak A T, Entel P, Enkovaara J, Ayuela A, Nieminen R M. First-principles investiga-

tion of phonon softenings and lattice instabilities in the shape-memory system Ni₂MnGa [J], Physical Review B, 2003, 68: 132402.

[79] Zayak A T, Entel P, Rabe K M, Adeagbo W A, Acet M. Anomalous vibrational effects in nonmagnetic and magnetic Heusler alloys [J], Physical Review B, 2005, 72: 054113.

[80] Entel P, Gruner M E, Adeagbo W A, Zayak A T. Magnetic-field-induced changes in magnetic shape memory alloys [J], Materials Science and Engineering A, 2008, 481-482: 258-261.

[81] Lu J M, Hu Q M, Yang R. Composition-dependent elastic properties and electronic structures of off-stoichiometric TiNi from first-principles calculations [J], Acta Materialia, 2008, 56: 4913-4920.

[82] Hu Q M, Li C M, Yang R, Kulkova S E, Bazhanov D I, Johansson B, Vitos L. Site occupancy, magnetic moments, and elastic constants of off-stoichiometric Ni₂MnGa from first-principles calculations [J], Physical Review B, 2009, 79: 144112.

[83] Sánchez-Alarcos V, Recarte V, Pérez-Landazábal J I, Cuello G J. Correlation between atomic order and the characteristics of the structural and magnetic transformations in Ni-Mn-Ga shape memory alloys [J], Acta Materialia, 2007, 55: 3883-3889.

[84] Chen J, Li Y, Shang J X, Xu H B. The effects of alloying elements Al and In on Ni-Mn-Ga shape memory alloys, from first principles [J], Journal of Physics: Condensed matter, 2009, 21: 045506.

[85] Liu Z H, Zhang M, Cui Y T, Zhou Y Q, Wang W H, Wu G H, Zhang X X, Xiao G. Martensitic transformation and shape memory effect in ferromagnetic Heusler alloy Ni₂FeGa [J], Applied Physics Letters, 2003, 82: 424-426.

[86] Chernenko V A, Pons J, Cesari E, Zasimchuk I K. Transformation behaviour and martensite stabilization in the ferromagnetic Co-Ni-Ga Heusler alloy [J], Scripta Materialia, 2004, 50: 225-229.

[87] Kainuma R, Imano Y, Ito W, Sutou Y, Morito H, Okamoto S, Kitakami O, Oikawa K, Fujita A, Kanomata T, Ishida K. Magnetic-field-induced shape recovery by reverse phase transformation [J], Nature, 2006, 439: 957-960.

[88] Hafner J. Atomic-scale computational materials science [J], Acta Materialia, 2000, 48: 71-92.

[89] Kresse G, Furthmüller J. Efficient iterative schemes for Ab-initio total-energy calculations using a plane-wave basis set [J], Physical Review B, 1996, 54: 11169-11186.

[90] Kresse G, Furthmüller J. Efficiency of Ab-initio total energy calculations for metals and semiconductors using a plane-wave basis set [J], Computational Materials Science, 1996, 6: 15-50.

[91] Blöchl P E. Projector augmented-wave method [J], Physical Review B, 1994, 50: 17953-17979.

［92］ Kresse G，Joubert D. From ultrasoft pseudopotentials to the projector augmented-wave method ［J］，Physical Review B，1999，59：1758-1775.

［93］ Vanderbilt D. Soft self-consistent pseudopotentials in a generalized eigenvalue formalism ［J］，Physical Review B，1990，41：7892-7895.

［94］ Kresse G，Hafner J. Norm-conserving and ultrasoft pseudopotentials for first-row and transition-elements ［J］，Journal of Physics：Condensed Matter，1994，6：8245-8257.

［95］ Perdew J P，Wang Y. Accurate and simple analytic representation of the electron-gas cor-relation energy ［J］，Physical Review B，1992，45：13244-13249.

［96］ Monkhorst H J，Pack J D. Special points for Brillouin-zone integrations ［J］，Physical Review B，1976，13：5188-5192.

［97］ Murnaghan F D. The compressibility of media under extreme pressures ［J］，Proceedings of the national academy of sciences of the united sates of America，1944，30：244-247.

［98］ Birch F. Finite elastic strain of cubic crystals ［J］，1947，71：809-824.

［99］ Cong D Y，Zetterström P，Wang Y D，Delaplane R，Peng R L，Zhao X，Zuo L. Crys-tal structure and phase transformation in $Ni_{53}Mn_{25}Ga_{22}$ shape memory alloy from 20 K to 473 K ［J］，Applied Physics Letters，2005，87：111906.

［100］ Tsuchiya K，Tsutsumi A，Ohtsuka H，Umemoto M. Modification of Ni-Mn-Ga ferro-magnetic shape memory alloy by addition of rare earth elements ［J］，Materials Science and Engineering A，2004，378：370-376.

［101］ Clementi E，Raimondi D L，Reinhardt W P. Atomic Screening Constants from SCF Functions ［J］，Journal of Chemical Physics，1963，38：2686-2689.

［102］ Worgull J，Petti E，Trivisonno J. Behavior of the elastic properties near an intermediate phase transition in Ni_2MnGa ［J］，Physical Review B，1996，54：15695-15699.

［103］ Liu Z H，Hu H N，Liu G D，Cui Y T，Zhang M，Chen J L，Wu G H. Electronic structure and ferromagnetism in the martensitic-transformation material Ni_2FeGa ［J］，Physical Review B，2004，69：134415.

［104］ Ayuela A，Enkovaara J，Ullakko K，Nieminen R M. Structural properties of magnetic Heusler alloys ［J］，Journal of Physics：Condensed Matter，1999，11：2017-2026.

［105］ Bungaro C，Rabe K M，Corso A D. First-principles study of lattice instabilities in ferro-magnetic Ni_2MnGa ［J］，Physical Review B，2003，68：134104.

［106］ Krenke T，Acet M，Wassermann E F. Ferromagnetism in the austenitic and martensitic states of Ni-Mn-In alloys ［J］，Physical Review B，2006，73：174413.

［107］ Godlevsky V V，Robe K M. Soft tetragonal distortions in ferromagnetic Ni_2MnGa and related materials from first principles ［J］，Physical Review B，2001，63：134407.

［108］ Jiang C B，Muhammad Y，Deng L F，et al. Composition dependence on the martensitic structures of the Mn-rich NiMnGa alloys ［J］，Acta Materialia，2004，52（9）：2779-2785.

[109] Raulot J-M, Domain C, Guillemoles J-F. Fe-doped CuInSe$_2$: An Ab-initio study of magnetic defects in a photovoltaic material [J], Physical Review B, 2005, 71: 035203.

[110] Sánchez-Alarcos V, Recarte V, Pérez-Landazábal J I, Cuello G J. Correlation between atomic order and the characteristics of the structural and magnetic transformations in Ni-Mn-Ga shape memory alloys [J], Acta Materialia, 2007, 55, 3883-3889.

[111] Gigla M, Szczeszek P, Morawiec H. The structure of non-stoichiometric alloys based on Ni$_2$MnGa [J], Materials Science and Engineering A, 2006, 438-440: 1015-1018.

[112] Li Z B, Xu N, Zhang Y D, et al. Composition-dependent ground state of martensite in Ni-Mn-Ga alloys [J], Acta Materialia, 2013, 61 (10): 3858-3865.

[113] Chernenko V A, Cesari E, Kokorin V V, Vitenko I N. The development of new ferro-magnetic shape memory alloys in Ni-Mn-Ga system [J], Scripta Metallurgica et Materia-lia, 1995, 33: 1239-1244.

[114] Velikokhatnyĭ O I, Naumov I I. Electronic structure and instability of Ni$_2$MnGa [J], Physics of the Solid State, 1999, 41: 617-623.

[115] Chakrabarti A, Biswas C, Banik S, Dhaka R S, Shukla A K, Barman S R. Influence of Ni doping on the electronic structure of Ni$_2$MnGa [J], Physical Review B, 2005, 72: 073103.

[116] Brown P J, Crangle J, Kanomata T, et al. The crystal structure and phase transitions of the magnetic shape memory compound Ni$_2$MnGa [J]. J. Phys-Condense. Mat., 2002, 14 (43): 10159-10171.

[117] Cong D Y, Zetterstrom P, Wang Y D, et al. Crystal structure and phase transformation in Ni$_{53}$Mn$_{25}$Ga$_{22}$ shape memory alloy from 20K to 473K [J]. Appl. Phys. Lett., 2005, 87 (11): 1746.

[118] Ayuela A, Enkovaara J, Nieminen R M. Ab-initio study of tetragonal variants in Ni$_2$MnGa alloy [J]. J. Phys.: Condens. Matter, 2002, 14 (21): 5325-5336.

[119] Bungaro C, Rabe K M, Corso A D. First-principles study of lattice instabilities in ferro-magnetic Ni$_2$MnGa [J]. Phys. Rev. B, 2003, 68 (13): 399-404.

[120] Stadler S, Khan M, Mitchell J, et al. Magnetocaloric properties of Ni$_2$Mn$_{1-x}$Cu$_x$Ga [J]. Appl. Phys. Lett., 2006, 88: 192511.

[121] Glavatskyy I, Glavatska N, Dobrinsky A, et al. Crystal structure and high-temperature magnetoplasticity in the new Ni-Mn-Ga-Cu magnetic shape memory alloys [J]. Scripta Mater., 2007, 56: 565.

[122] Duan J F, Long Y, Bao B, et al. Experimental and theoretical investigations of the magnetocaloric effect of Ni$_{2.15}$Mn$_{0.85-x}$Cu$_x$Ga (x = 0.05, 0.07) alloys [J]. J. App. Phys, 2008, 103: 063911.

[123] Jiang C B, Wang J M, Li P P, et al. Search for transformation from paramagnetic mar-tensite to ferromagnetic austenite: NiMnGaCu alloys [J]. Appl. Phys. Lett., 2009,

95：012501.

[124] Roy S，Blackburn E，Valvidares S M，et al. Delocalization and hybridization enhance the magnetocaloric effect in Cu-doped Ni_2MnGa [J]. Phys. Rev. B，2009，79：235127.

[125] Li C M，Luo H B，Hu Q M，et al. Site preference and elastic properties of Fe-，Co-，and Cu-doped Ni_2MnGa shape memory alloys from first principles [J]. Phys. Rev. B，2011，84：024206.

[126] Sokolovskiy V，Buchelnikov V，Skokov K，et al. Magnetocaloric and magnetic properties of $Ni_2Mn_{1-x}Cu_xGa$ Heusler alloys：An insight from the direct measurements and Ab-initio and Monte Carlo calculations [J]. J. Appl. Phys.，2013，114：183913.

[127] Li G J，Liu E K，Zhang H G，et al. Role of covalent hybridization in the martensitic structure and magnetic properties of shape-memory alloys：The case of $Ni_{50}Mn_{5+x}Ga_{35-x}Cu_{10}$ [J]. Appl. Phys. Lett.，2013，102：062407.

[128] Zelený M，Sozinov A，Straka L，et al. First-principles study of Co-and Cu-doped Ni_2MnGa along the tetragonal deformation path [J]. Phys. Rev. B，2014，89：184103.

[129] Li Z B，Zou N F，Sánchez-Valdés C F，et al. Thermal and magnetic field-induced martensitic transformation in $Ni_{50}Mn_{25-x}Ga_{25}Cu_x$ ($0 \leqslant x \leqslant 7$) melt-spun ribbons [J]. J. Phys. D：Appl. Phys.，2016，49：025002.

[130] Dong G F，Cai W，Gao Z Y，et al. Effect of isothermal ageing on microstructure，martensitic transformation and mechanical properties of $Ni_{53}Mn_{23.5}Ga_{18.5}Ti_5$ ferromagnetic shape memory alloy [J]. Scripta Mater.，2008，58（8）：647-650.

[131] Gao Z Y，Dong G F，Cai W，et al. Martensitic transformation and mechanical properties in an aged Ni-Mn-Ga-Ti ferromagnetic shape memory alloy [J]. J. Alloy. Compd.，2009，481（1-2）：44-47.

[132] Dong G F，Gao Z Y，Tan C L，et al. Phase transformation and magnetic properties of Ni-Mn-Ga-Ti ferromagnetic shape memory alloys [J]. J. Alloy. Compd.，2010，508（1）：47-50.

[133] Gao Z，Chen B，Meng X，et al. Site preference and phase stability of Ti doping Ni-Mn-Ga shape memory alloys from first-principles calculations [J]. J. Alloy. Compd.，2013，575（8）：297-300.